规划·悦读
青春季系列

规划悦读 42天

青少年
成长最经典的人生哲理

主　　编：郭茂荣
副主编：胡飞跃
编写人员：卢启生　孙维娇　云　峰　胡清和　汪　攀
　　　　　王文杰　宋　勇　李春元　陈　黎　叶　萃
　　　　　徐　珊　张国玲　王湘梅　宋　碧　詹　莉

西南师范大学出版社
全国百佳图书出版单位　国家一级出版社

图书在版编目（CIP）数据

规划悦读42天：青少年成长最经典的人生哲理/郭茂荣主编. —重庆：西南师范大学出版社，2013.3

（规划·悦读）

ISBN 978-7-5621-5674-1

Ⅰ．①青… Ⅱ．①郭… Ⅲ．①人生哲学－青年读物②人生哲学－少年读物 Ⅳ．①B821-49

中国版本图书馆CIP数据核字(2013)第034365号

规划悦读42天：
青少年成长最经典的人生哲理
QINGSHAONIAN CHENGZHANG ZUIJINGDIAN DE RENSHENG ZHELI

郭茂荣　主编

责任编辑： 钟小族　李佃云

内文插图： 闵祥泽

封面插画： 绘扬天下

封面设计： 红十月工作室

出版发行： 西南师范大学出版社

地址：重庆市北碚区天生路2号

邮编：400715　市场营销部电话：023-68253705

http://www.xscbs.com/

经　销： 新华书店

印　刷： 九洲财鑫印刷有限公司

开　本： 787mm×1092mm　1/16

印　张： 11.75

字　数： 166千字

版　次： 2013年2月　第1版

印　次： 2013年2月　第1次印刷

书　号： ISBN 978-7-5621-5674-1

定　价： 24.00元

阅读计划表

第1天／希望是幸福的灯塔

戴维斯是英国历史上著名的内阁大臣，他任职期间在公民中的受欢迎程度超过了任何一位国家级领导人。

可不得不提的是，他是一位盲人。盲人担任政府要职的奇闻在英国是史无前例的，而且还是被首相直接钦点的。

更令人不可思议的是，在戴维斯上托儿所时，就已在作文中描叙道：希望自己能够成为一位内阁大臣。

一个孩童3岁时的梦想在保留了50年后，终于成为了现实，这难道不是希望的力量吗？

亚历山大大帝要远征波斯，出发之前，他将所有的财产都分给了臣下。大臣皮尔底加斯非常惊奇，问道："那么陛下，你带什么起程呢？"

"希望，我只带这一种财宝。"亚历山大回答说。

听到这个回答，皮尔底加斯说："那么请让我们也来分享它吧。"于是，他谢绝了分配给他的财产，其他的许多臣子也仿效了他的做法。

就这样，亚历山大带着他唯一的希望出发了，回来时却带回了所要征服的全部。

可见，希望有着神奇的力量，它是生命的灵魂，是

人物博览馆

亚历山大大帝：古代马其顿国国王，欧洲历史上最伟大的军事天才。他18岁随军出征，20岁继承王位，在担任马其顿国国王的短短13年中，带领军队东征西讨，建立起了一个以巴比伦为首都，横跨欧亚非大陆的疆域广阔的国家。

幸福的灯塔，是舵手的指南针，是成功的引路人。它指引你前进的方向，燃烧你澎湃的激情，让你产生汩汩流淌的动力，爆发出无与伦比的生命潜力！

伏尔泰说："上天赐给人两样东西——希望和梦，来减轻人的苦难遭遇。"

其实，人在童年时，根本不懂什么是世界，也不会有此方面的烦恼；少年时隐隐约约感到了世界的存在，对世界产生了一种好奇，但毕竟年纪太小，无法触摸。青年时，开始知道世界了，对世界产生了美好的憧憬，希望自己的人生是快乐和幸福的，一些理想、幻想相继出现，并时不时影响着自己的行为。

可人生是艰难的，一如行进在一条完全陌生的路上。在这里，不只有掌声和笑脸，不只有阳光和鲜花，还有挫折和泪水，还有狂风和暴雨。

倘若你由于恐慌或者别的原因，丢掉了希望。那么，人生就会变成一段满负辎重的苦旅，等待你的也只是在绝望边缘的无力挣扎和随之而来的残酷死亡。

反之，如果在任何时候，你都能带着希望之光在最困难的境遇中去锤炼、彰显和升华自己，那么你总能摆脱种种不良心绪，带着乐观的态度勇敢地前行。

也许你不是很美丽，可只要心存希望，你就不会独守着自卑而唏嘘不已，

因为你相信丑小鸭也有可能蜕变为美丽的白天鹅；

也许你不是很优秀，可只要心存希望，你就不会因为悲观消极而迷失前进的方向，因为你相信是金子总有一天会散发出璀璨、耀眼的光芒；

也许你家境贫寒，可只要心存希望，你就不会在碌碌无为中随波逐流，因为你相信宝贵的财富掌握在勤劳的手中；

也许你是不幸的，可只要心存希望，你就不会陷入忧伤绝望中不可自拔、一蹶不振，因为你相信人生的幸福要靠自己去打拼。

……

当然，现实生活中有一些青少年总会习惯性地将希望抛回到早已逝去的时光里，他们总是想着，假如当初那刻如何如何，那么现在就会怎样怎样。

也有一些青少年整天生活在对未来的幻想中，他们盲目地希望："面包会有的，牛奶会有的，一切都会有的。"

然而，希望究竟是存在于过去，还是存在于未来呢？

显然，过去是不能够从头再来的，所谓的假设亦无非是空想，它透露着一种躲闪、回避的处世态度。这种寻求"自我解脱"的心境，只会束缚住你的手脚，使你丢掉改变现状、奋发向前的良机。

而未来，虽然悬挂着希望的影子，但也终究是遥远的，有着诸多的不可知，充满了变数，如若你不付诸切实的行动，它就永远像想象中的天国、西方极乐净土般虚幻。

是的，希望既不存在于过去，也不存在于未来，它

人物博览馆

伏尔泰：法国启蒙思想家、文学家、哲学家，18世纪法国资产阶级启蒙运动的旗手，被誉为"法兰西思想之王""欧洲的良心"。代表作品有《哲学辞典》以及史诗《亨利亚德》《奥尔良少女》等。

阅读小感悟

哥尔斯密说："像那闪烁的微光——希望，把我人生的道路照亮，夜色愈浓，它愈放射出耀眼的光芒。"

在人生征途中，最重要的既不是财产，也不是地位，而是在自己胸中像火焰一般燃烧起的信念，即希望。

只有带着希望出发，才能在困难面前永不退缩，才能将自己的理想实现，才能真正成为人生的胜利者！

事实上，每个人都有自己不同的人生目标，它不一定是鸿鹄大志，不一定必须撼天动地，但只要我们与时俱进、终身怀有希望，并把它化为支撑行动去实现目标的精神动力和支柱，我们就不会生出懈怠，就不会滋长惰性！

只是人们一种美好的想法，而无法等价于现实。

但是希望却和现实存在着一个契合点，只要找到这个点，跨越两者之间的鸿沟，希望就会充分发挥其积极向上、振奋人心的精神实质，并且实现——

比如，做一顿可口的晚餐可以成为我们的希望；

等待一场朋友的小聚可以成为我们的希望；

看上一本渴望已久的书是一种希望；

甚至在渴极了的时候有一杯清水解渴也是人生的一种希望。

我们的希望当然不可能仅仅是这些小小的希求，但正是这些基于现实、可以实现的希望才是真正的希望，才是我们人生道路上的那座幸福的灯塔！

否则，所谓希望只是空想，只是虚无缥缈的海市蜃楼，只能是一大堆废弃的瓦砾，不但发挥不了其振奋人心、指明前路的积极功效，反而会使人耽于幻想，封闭自我，排斥整个真实世界。

成长金点子

拥有希望的小方法：

1.真正的希望，是在绝望中树立起坚定的信念，始终保持乐观积极的心态，让希望从现在进行，让脚下的路即刻开始铺设！

2.真正的希望，是为自己量身定做的希望，切合自己的性情、才干、品质、知识结构。

3.真正的希望，拒绝盲目，要和奋斗挽着肩膀。如果你把希望视做艳丽的鲜花，请莫吝惜你辛勤的汗水！如果你把希望视做金色的彼岸，请快荡起你勤奋的双桨！

小任务

现阶段，有什么是你所希望、所期待的呢？把它们一一列出来，然后仔细考虑一下，达成这些愿望你会获得怎样的幸福。

第2天／快乐其实可以很简单

快乐的标准就像是一根可以无限拉伸的橡皮筋，你的欲望越大，它拉得就越长，快乐的标准也就越高。当你拥有1万元、100万元、1000万元的时候，你的快乐标准又该是什么呢？你的快乐又将要等多久才能到达呢？

鲁伯特·默多克出生于澳大利亚，是当今世界上最大的传媒大亨，他的新闻集团是当今世界上规模最大、国际化程度最高的综合性传媒公司之一。

奥运会在澳大利亚召开的时候，媒体大亨默多克去捧场。在现场，默多克发现座位底下躺着一枚硬币，他站起身来，然后蹲下，捡起了那枚硬币，脸上带着微笑。

这个细节被媒体爆炒，很多人都记住了默多克的微笑，因为大家都不能想象：拥有亿万资产的国际富豪竟为捡到了一枚硬币而微笑。

快乐就这么简单吗？

无独有偶，香港的记者曾问过亚太首富李嘉诚一个问题："您以为一生之中，最快乐的赚钱一刻是在何时呢？"

李嘉诚的答案令记者始料不及："开了一间临街

人物博览馆

鲁伯特·默多克：美国著名新闻和媒体经营者。默多克1931年出生于澳大利亚，毕业于牛津大学。他是新闻集团的最大股东、董事长兼行政总裁。新闻集团是目前世界上最大的跨国媒体集团，被称为"默多克的传媒帝国"。

小店，忙碌终日，日落打烊时，紧闭店门，在昏暗的灯光下与老伴一张一张地数钞票。"

很美妙的答案。其实这样的感觉你也能体会，想到那样的情景，谁都能为感到一种简单的快乐而会心一笑，只是世界富豪原来也是如此，未免让人觉得不可思议。

一位媒体大亨会为捡到一枚硬币而会心一笑，一位亚太首富最美好的记忆是在开一间小店时，这足以说明快乐真的很简单。

德国哲学家费尔巴哈说过："生命本身就是幸福。"那就意味着我们每个活着的人都是幸福的，可是为什么我们中的很多人却仍感到生活很痛苦呢？

当你还是个孩子的时候，一个布娃娃、一把小水枪，甚至一堆沙子、几片树叶都会让你投入而专注地玩上半天，一个黄土堆都能成为让你乐而忘返的快乐城堡。

可逐渐长大后，你不再满足于这些了，它们再也提不起你的兴趣，再也不能让你感到快乐，甚至还让你觉得厌烦。如今，或许看一场电影、踢一次足球也不能让你觉得快乐。

为什么快乐突然就消失了呢？

其实，快乐并没有消失，只是你感觉不到它了。想一想，如果你会为期待中的100元钱而憧憬并高兴，那你是否会为手中正拥有的10元钱而高兴呢？

很多人都是这样，拥有了便不再感到快乐，只有不停地追逐才觉得快乐，可这就在无形中把你的快乐标准一升再升，让快乐变得越来越难获得。

默多克、李嘉诚是智慧的，尽管他们拥有很多的财富，但他们的快乐依然在一个很低的标准上就能够出现。因为他们懂得，真正的快乐不是来自财富的数目，而是产生于自己的内心。

快乐像跳高，跳杆越低，我们就会越轻松，越无所畏惧；把快乐的标准降下来，降到人人都拥有的境地，那就真的快乐了。

有人说："我的人生目标就是住美国的房子、开德国的车子、吃中国的饭菜。这样的人生才快乐。"

目标果然是够高的，都是国际标准的。不过，这真的是快乐的标准吗？达

到这种目标的人虽然很少，但也不是没有，比如，前面提到的默多克和李嘉诚，他们可未必觉得快乐就是来自房子、车子、美食。

人生当然一定要有目标、有追求，但快乐不一定非要在目标达到、实现追求的基础上才能拥有。快乐其实很简单，它也许就藏在你生命中一个不为人注意的一瞬间，其实，细细一想，很多在平时我们看来不值一提的小事中都包含着快乐 ——

听收音机里播放自己最喜欢的歌曲；

躺在床上静静地聆听窗外的雨声；

在浴缸的泡沫堆里舒舒服服地洗个澡；

刚和朋友结束一次愉快的谈话；

做了一个甜美的梦，醒来时嘴边还挂着微笑；

在圣诞树下一边吃着甜饼、喝着蛋酒，一边为家人和朋友包装圣诞礼物；

偶尔遇见多年不曾谋面的老朋友，发现彼此都没有改变；

给朋友送一件他一直想要得到的礼物，看着他打开包装时的惊喜表情。

……

大仲马说："烦恼与快乐，成功与失败，仅仅就在一念之间。"只要你用心去生活，用心去感受，你就会觉察到快乐，它真的是无处不在。

诚然，人生是不可能一帆风顺的，也有困境，也有挣扎，但这些并不妨碍我们品尝快乐。

托尔斯泰在他的散文名篇《我的忏悔》中讲了这样

人物博览馆

费尔巴哈：德国哲学家，1804年出生。他对基督教的批判在当时的欧洲社会上产生了很大影响，对卡尔·马克思的影响也很大，主要著作有《黑格尔哲学批判》和《基督教的本质》等。

托尔斯泰：全名为列夫·尼古拉耶维奇·托尔斯泰，俄国文学家、思想家，19世纪俄国伟大的批判现实主义作家。他被称颂为具有"最清醒的现实主义"的"天才艺术家"。主要作品有长篇小说《战争与和平》《安娜·卡列尼娜》《复活》等。

一个故事：

一个男人被一只老虎追赶而掉下悬崖，庆幸的是在跌落过程中他抓住了一棵生长在悬崖边的小灌木。此时，他发现，头顶上，那只老虎正虎视眈眈地望着他，低头一看，悬崖底下还有一只老虎，更糟的是，两只老鼠正忙着啃咬悬那棵小灌木的根须。绝望中，他突然发现附近生长着一簇野草莓，伸手可及。于是，这人拽下草莓，塞进嘴里，自语道："多甜啊！"

在人的生命进程中，当痛苦、绝望、不幸和危难向你逼近的时候，你如能享受一下野草莓的滋味，不妨就先忘记那些不快，苦中求乐也是快乐的真谛！

境随心生，心是快乐的，你就能感觉快乐，心是痛苦的，你就只能痛苦。在多变的人生旅途上，我们也不妨"唯心"一把，时刻让自己感受快乐。

当你在一花、一草、一沙、一石，点点滴滴中都能感受到快乐时，天堂其实也就在你的心里了！

成长金点子

让自己快乐的小方法：

1. 人生的第一快乐应该来自家庭，你若想享受天伦之乐，就应让属于自己的小天地时刻充满温馨。

2. 为大多数人谋利是最大的幸福。热心开朗、喜欢帮助别人的人，总能收获到不经意的快乐。

3. 学会宽容忍让。为人处事要学会严于律己，宽以待人。提高道德修养，学会冷静、理智地处理问题。在一些非原则的是非面前，坚持"忍让哲学"，容人让人。

4. 懂得知足的人生是轻松快乐的。不贪名，不图利，贫也安然，富也安然，无欲无求，宁静致远，知足常快乐。

小任务

想一想近期让你最快乐的一件事，这件事让你产生快乐的原因是什么？

年 月 日

第3天／幸福人生的三个秘诀

一位美国科学家发现，把人呼出的气体注入到一种液体中，平静时呼出，液体无明显变化；伤心时呼出，液体则会产生白色沉淀；而生气时呼出，液体会变得浑浊不清。一个人如果生5分钟的气，其消耗的能量不亚于两公里长跑所消耗的体能。

科学家因此得出结论，人在很大程度上不是老死的，而是被气死的。由此可见，"拿别人的错误惩罚自己"对我们真是有着莫大的危害。生命健康都受到了损害，又有何快乐幸福可言呢？

一位88岁高龄的老太太用略带合肥口音的普通话，轻松悠闲地对她的朋友说："拥有一个幸福的人生其实很简单：第一是不要拿自己的错误惩罚自己，第二是不要拿自己的错误惩罚别人，第三是不要拿别人的错误惩罚自己。有这么三条，人生就不会太累了……"

这位睿智的老人就是出身名门、家世煊赫的张允和。她们家中四姐妹本就是出了名的琴棋书画样样精通的才女，而四个女婿更是鼎鼎大名。

她的大姐夫是昆曲名家顾传玠，她的夫君是著名语言学家、绰号"周百科"的周有光，她的三妹夫是赫赫

人物博览馆

张允和：安徽合肥人，中国语言文字专家、汉语拼音的缔造者之一周有光先生的夫人。张允和毕业于上海光华大学历史系，曾为高中历史老师、人民教育出版社历史教材编辑。晚年致力于写作，著有《最后的闺秀》《昆曲日记》等书。

有名的大文豪沈从文，四妹夫是耶鲁大学的东方学问家傅汉思。

这"幸福三诀"正是张允和经历了无数的人生苦难与艰辛后的大彻大悟。

多么朴素智慧的心语啊！这看似简单的几个错误与惩罚之间的问题，却蕴藏着许多为人处事的大道理，包含着人生的意义和快乐的真谛！

秘诀一："不要拿自己的错误惩罚自己"，告诉我们，要懂得善待自己。

人非圣贤，孰能无过？如果一有过错，就终日陷入无尽的自责、哀怨、痛悔之中，那么其人生的境况就会像泰戈尔所说的那样：不仅失去了正午的太阳，而且将失去夜晚的群星。

然而，人世间多少烦恼正是自己同自己过不去而带来的。大家都以为自己是个聪明人，谁也不会做这样的傻事，可是扪心自问，难道我们不曾为自己所犯下的一个错误，甚至是一个失误而懊恼、悲伤、沮丧过吗？

这常常就是尘世间的聪明人的行为。因为"聪明"，所以对自己的期望就高一些，对自己的要求就严一些，但情况却未必总能尽如人愿——

比如，一年一度的高考结束后，总有一部分名落孙山的同学情绪低落，沮丧自责，大有"无颜见江东父老"之感；

比如，运动会上，冠军永远只能有一个，而总有些人即使得到第二，也面色阴沉，感到懊恼悔恨，无法原谅自己。

当然，高标准、严要求、执着、坚定，不能不算好品质，它们也许能带来成就，也许能带来利益，也许能带来某些收获，但却未必一定能带来快乐。

可是，人生若得不到内心真正的平和快乐，活着又有什么意义呢？仅仅为了完成目标吗？为了享受过程中的痛苦吗？

一定不是。人生要有追求，要有奋斗，但也不要把自己置身于悬崖上，容不得自己犯一点错误。

何必把自己要求成一个圣人呢？错误是每个人的必然经历，是在所难免的。不要为自己的错误而自责、自怨，不要拿自己的错误惩罚自己，不要剥夺自己作为凡人应该享有的平凡的快乐！

秘诀二："不要拿自己的错误惩罚别人"，告诉我们要坦然面对和承担错误。

其实，这样浅显的道理谁都明白，但知易行难，有的人会为自己的过错感到痛悔，而有的人却从不情愿为自己的过错买单。

也许是无法承认过错，也许是为了一点虚荣心，也许有其他的原因，有些人总是在犯了错误之后，选择掩饰、逃避、寻找借口，甚至嫁祸于人……拿自己的错误去惩罚别人，为自己的过失寻找"替罪羊"。

纸永远包不住火，假的永远真不了，到头来，真相大白于天下的时候，不仅自己要受到人们的耻笑，而且那些无辜的受到惩罚的"替罪羊"，或迟或早势必都要奋起自卫或反击。这就是搬起石头砸自己的脚，最终受罪的还是自己。如此这般，还是"不要拿自己的错误惩罚别人"为好。

当然，这也不是一种很容易达到的境界，它需要"胸藏万汇凭吞吐"的大器量。不为错误而自怨自艾，也不能逃避责任，否则于良心上，无论如何也不会安宁，人生又岂能快乐呢？

秘诀三："不要拿别人的错误惩罚自己"，告诉我们要宽容大度，原谅别人就是善待自己。

"拿别人的错误惩罚自己"最典型的表现就是对别人生气、发火。诚然，人是一种有感情、有情绪的动物，永远不生气是不可能的，尤其这个世界上还充满着那么多的阴暗，那么多的不公平。

在这个世界上，若要找一个从未生过气的人，一定

人物博览馆

泰戈尔：印度诗人、哲学家。1913年获得诺贝尔文学奖，成为第一位获此殊荣的亚洲人。他的诗歌代表作有《吉檀迦利》《飞鸟集》等。

知识万花筒

替罪羊：比喻代人受过的人。用羊替罪的传统来自古犹太教。古犹太人把每年的七月十日定为"赎罪日"，并在这一天举行赎罪祭。在仪式上，通过抽阄决定两只公羊的命运，一只杀了作祭典，另一只由大祭司将双手按在羊头上宣称，犹太民族在一年中所犯下的罪过，已经转嫁到这头羊身上了。接着，便把这头"替罪羊"放逐到旷野上去，即将人的罪过带入无人之境。

找不到，若要找一个经常为小事生气的人，到处都有。

少年者，更是会频繁地生气，要不怎么有"愤青"这个名词呢？但是人生苦短，我们实在没有必要为每一件小事都生气，为每一个错误都恼火。

《黄帝内经》中已经明言相告："怒伤肝。"可很多人却不顾惜自己的身体，常常大发雷霆。须知，肝在生理功能上的作用举足轻重，不仅能完成蛋白质、脂肪、碳水化合物的新陈代谢，而且有解毒造血和凝血的作用，是万万伤不得的。

追求幸福，是我们每个人的人生目标之一，但如何能感受到幸福，又一直让很多人感到迷惘和困惑。其实，幸福就在这三个秘诀里。

好好体味其中的深意，认真按照秘诀去做，你一定会有一个幸福的人生，因为，你现在已经站在了幸福的门前！

成长金点子

获得幸福的小方法：

1. 犯错误是难免的，如若不能亡羊补牢、及时更改，就要坦然面对。记住一句话：丢了什么也不能丢了心情！

2. 人生需要享受快乐，但也不能抛弃责任。为自己的所作所为买单，行得光明磊落，也就活得踏踏实实，这样的人生才有快乐可言！

3. 不要随意地生气、发火，要保持心平气和，因为解决问题的办法永远不是生气。

小任务

你认同幸福人生的三个秘诀吗？思考一下，获得幸福的方法有哪些。

第4天／努力做事就是快乐

智者看到一个忧郁的年轻人整天唉声叹气、愁眉苦脸、无所事事，就关切地问："孩子，这么大好的时光，你怎么不去赚钱？"

年轻人说："没意思，赚了钱也会花没的。"

智者问："你怎么不结婚？"

年轻人说："没劲儿，弄不好还得离婚。"

智者说："你怎么不交朋友？"

年轻人说·"没意思，交了朋友弄不好会反目成仇。"

智者说："快乐是一个努力奋斗的过程，不是一个结果。"

年轻人幡然醒悟。

一群年轻人到处寻找快乐，却遇到许多烦恼、忧愁和痛苦。他们向苏格拉底请教："快乐到底在哪里？"

苏格拉底说："你们还是先帮我造一条船吧！"

这些年轻人暂时把寻找快乐的事儿放到一边，找来造船的工具，用了七七四十九天，锯倒了一棵又高又大的树，挖空树心，造出一条独木船。

独木船下水了，他们把苏格拉底请上船，一边合力荡桨，一边齐声歌唱起来。

人物博览馆

苏格拉底：古希腊著名的思想家、哲学家、教育家，西方哲学的奠基者。出于对国家和人民命运的关心，他的哲学倾向于研究人类本身，开创了一个新的哲学研究领域 ——"伦理哲学"，使哲学"从天上回到了人间"，在哲学史上具有重大意义。

苏格拉底问："孩子们，你们快乐吗？"

他们齐声回答："快乐极了！"

苏格拉底道："快乐就是这样，它往往在你努力做事的过程中突然来访。"

什么才是快乐呢？

德国哲学家康德认为："快乐是我们的需求得到了满足。"是的，快乐确实是这样一种感觉，但是我们的需求又都是什么呢？每个人的需求都有一定的特殊性，都是不同的，因而快乐的含义对于每个人也就都不一样——

在儿童的眼中，纽扣、珍珠、小花，甚至一顶被压扁的白色帽子……都有可能成为他们快乐的源泉；

在少年人的眼中，戴上鲜艳的红领巾、约上小伙伴一起捉迷藏、和爸妈一起去海洋馆……会使他们欢呼雀跃、兴奋不已；

在青年人的眼中，考入高等学府、找到理想的工作……才算是真正的快乐；

在中年人的眼中，事业有成、子女健康成长、婚姻幸福美满……可让他们露出欣慰的微笑；

在老年人的眼中，儿女承欢膝下、和老伴儿一起闲话家常、为全家人张罗一桌好饭……则是他们最大的幸福和快乐。

是的，这些都使他们感到满足而快乐，因为他们的愿望实现了！

但是，假如愿望不能实现，就一定无法快乐吗？未必吧！找苏格拉底的那群年轻人的愿望并非是造一条船，可最终他们不是也感到很快乐吗？

其实就是这样，如果我们能够像那群年轻人一样全身心地投入一件事，并学会欣赏和品味努力做事的过程，就能享受到长久的快乐，就能一直兴味盎然地往前走。

快乐是一个努力做事的过程，既然选择了付出，便不要抱怨艰辛；既然选择了努力，便不要计较结果。否则，远方的目标就会像一个茫茫未知的黑洞，毫无遗漏地吞噬掉所有本该属于你的微小的快乐。

然而，总有一些年轻人喜欢把快乐当作是成功瞬间的体验，认为只有达到

预定目标的时候，人才是快乐的，只有理想实现的刹那才会幸福。

因此，他们总是把快乐放到未来，把快乐供奉在内心深处：等到"金榜题名"时我就可以纵情欢笑；挣到100万时我就别无他求，开始享受人生……并逼迫自己付出当下全部的精力去为未来的快乐不停地努力。

可是任何事情从着手到实现，总会受到种种条件的制约而有很大的不确定性，使快乐成为人生的一种赌注。

如果等到最后，我们的预定目标没有实现，就很容易出现"理想破灭的危机感"，试问，又怎么能快乐呢？

即使将来目标真得能实现，我们也可能会发现自己并没有快乐起来，因为我们又会为自己设定新的目标，比如考研、挣200万等，让我们疲于奔命。

如此，在漫长的人生旅途中，快乐就会成为沙漠里的海市蜃楼，引诱人不断地向前奔跑。也许一路上我们能收获钱财、名利，但也一直在挥洒生命的财富与人生的快乐。

何必只把目光定格在最后一刻呢？其实，生命就是一个括号，左边括号是出生，右边括号是死亡，我们要做的事情就是用自己的一生尽力把括号填满。

正如查里斯恩·本生所说："人生最大的快乐不在于占有什么，而在于追求什么的过程。"

在漫长的人生旅途中，有时我们并不一定非要等着享受最后的果实。努力做事的本身就是快乐，因为它能发掘个人的潜能，使自己的才能得以充分的发挥，使自己多彩的人生没有遗憾！

人物博览馆

康德：德国古典哲学的创始人、唯心主义者、不可知论者，也是德国古典美学的奠定者。康德的三本哲学著作构成了他伟大哲学体系的"三大批判"，分别是：《纯粹理性批判》《实践理性批判》和《判断力批判》。

知识万花筒

海市蜃楼：一种自然现象，也简称蜃景，是地球上物体反射的光经大气折射而形成的虚像。这种现象多出现在夏天的沿海地带或沙漠地区。作为成语，用来比喻虚幻的事物，也可形容心中不切合实际的幻想。

因此，在我们辛勤耕耘时用不着期待收获，只要我们看到那些被犁平了的土地、被铲除了的乱石和莠草，就会觉得汗并不是白流的，就会觉得有种说不出的满足。

难怪美国总统罗斯福的夫人埃莉诺曾经深有感触地说："幸福不是目的，而是一种副产品，这种副产品是在过程中产生的。"

快乐——作为幸福的孪生姐妹——也是如此，只要我们不断努力，不断前进，并在这一过程中始终保持着一颗快乐的心，快乐的光环就会始终与自己形影不离！

成长金点子

保持快乐的小方法：

1.快乐是有所求但不是强求，所以给自己定一些短期就能实现的目标，要知道，一点小小的满足就会让我们有一种快乐感。

2.试着把一天中要做的事全列出来，看看哪些是可以删除的，如此可挪出一点空闲的时间，好好放松心情。

3.不要一味地和别人比较，而应该用自己当衡量的标准，想想当初起步错在哪里？如今有无进展？如果我们真的已经尽了力，就要相信今天一定会比昨天好，明天会比今天更好。

4.人的一生不是只能担任一种工作，扮演一个角色，追求快乐的途径很多。帮助学童上下学，为病人念念书，到养老院打打杂，甚至把四周环境打扫干净……只要付出一点点，我们就会感到很快乐。

小任务

思考一下，你有没有过努力做一件事并在做事的过程中得到快乐的经验？与你的好朋友分享一下这种快乐。

年　　月　　日

第5天／感恩一切你所拥有的

有些年轻人总爱说："我讨厌我的生活，我讨厌我生活中的一切，我必须把这些改变。"这种主动的生活态度很好，努力改变自己所不喜欢的生活是值得赞扬的。

可是，他们却没有想过，生活中的绝大多数其实并不需要改变，仅仅有一样需要改变——看待事物的眼光。如果他们学会换个眼光看世界，也许一切就都已经改变了。

黄美廉，自小就患脑性麻痹，这种病夺去了她肢体的平衡感，也夺走了她发声的能力。从小，她就活在肢体不便及众多异样的眼光中。

然而她昂然面对一切的不可能，最终获得了加州大学艺术博士学位。

在一次演讲中，一个学生问："请问黄博士，你从小就长成这个样子，你是怎么看自己的？你没有怨恨吗？"

"我怎么看自己？"美廉嫣然一笑，在黑板上龙飞凤舞地写了起来：

我好可爱！我的腿很长很美！爸爸妈妈这么爱我！上帝这么爱我！我会画画！我会写稿！我有只可爱的猫！还有……

知识万花筒

加州大学：全称加利福尼亚大学，1853年创办，是美国最具影响力的公立大学之一，其伯克利分校、旧金山分校、圣地亚哥分校和洛杉矶分校都是世界一流的学府。

教室内鸦雀无声，没有人讲话。她回过头来看着大家，再回过头去，在黑板上写下了她的结论："我只看我所有的，不看我所没有的。"

"只看自己所有的，不看自己所没有的"，并且用一种欣赏的、满足的，甚至赞叹的眼光去看自己所拥有的一切，这就是一种使生活变得更加轻松而快乐的智慧。

我们也以这样的眼光去看一看自己和自己所拥有的一切，一定会感受到一种满足、快乐，甚至是惊喜——

我有一对慈爱的父母，他们全心全意地爱着我；

我有一些乐于助人的好朋友；

我有一份收入还不错的工作；

我有一台可以上网浏览世界的电脑；

我有一杯茶可以细细品味；

……

呵！原来我们拥有这么多美好，还有什么可以再抱怨的呢？

是的，如果换一种眼光，我们就会更加热爱这个世界、更加热爱生活，从而心生感激。

感恩是生活中最大的智慧！

感恩，就是感激某人或某事物所带来的恩情或恩德。而要能做到感激，首先要找到恩在哪里。

如果我们对一切都不觉得美好，不觉得很多事物都曾对自己有过帮助和益处，那么我们的心中就不可能有去感激的东西。但若换一种眼光，去发现一切事物都对自己有利、有助的一面，那就一定会产生感动，进而感激一切自己所拥有的、经历的、遭遇的、得到的，甚至失去的。

在水中放进一块小小的明矾，就能沉淀所有的渣滓；如果在我们的心中培植一种感恩的思想，则可以沉淀许多的浮躁、不安，消融许多的不满与不幸。

1620 年，一些饱受宗教迫害的清教徒，乘坐"五月花"号船去北美新大陆

寻求宗教自由。他们在海上颠簸折腾了两个月之后，终于在酷寒的 11 月里，于现在的马萨诸塞州的普里茅斯登陆。

在第一个冬天，半数以上的移民都死于饥饿和传染病。活下来的人们生活十分艰难，他们在第一个春季开始播种。为了生存，整个夏天他们都祈祷上帝保佑并热切地盼望着丰收的到来。

后来，庄稼终于获得了丰收。大家非常感激上帝的恩典，决定要选一个日子来做纪念。这就是美国感恩节的由来。

感恩节是美利坚一个不折不扣的最地道的法定假日。在这一天，具有各种信仰和各种背景的美国人，共同为他们一年来所受到的上帝的恩典表示感谢，虔诚地祈求上帝继续赐福。

感恩，是一种歌唱生活的重要方式之一。只有心怀感恩，我们才会觉察到生活的美好。而懂得感恩，人生便有了更深沉的爱与更灼热的希望！

其实，值得感恩的又何止是上帝呢？我们对父母、老师、朋友、同学、同事、领导、部下、政府、社会等都应始终抱有感恩之心。我们的生命、健康、财富以及每天享受着的空气、阳光、水源，莫不应在我们的感恩之列……

然而，在现实生活中，很多青少年都有一种"通病"：当接受别人帮助后很少会产生一种感恩的心理，甚至连起码的"谢谢"都懒得说，这种冷漠足以刺痛每一个施恩者的心。

知识万花筒

感恩节：美国人独创的节日，原意是为了感谢上天赐予的好收成。自 1941 年起，美国的感恩节定在每年 11 月的第 4 个星期四。感恩节如同中国的春节一样，是合家团聚的日子。每到这一天，家家户户都会准备丰盛的大餐来庆祝，而感恩节大餐中最传统也最受欢迎的两道菜是烤火鸡和南瓜馅饼。

我们经常可以见到一些人，同样是年轻人，他们从不会感谢一切，相反，却总是不停地抱怨一切——

"真不幸，今天的天气这么不好"；

"今天真倒霉，碰见一个乞丐"；

"我怎么这么惨啊，丢了钱包，自行车又坏了"；

……

这个世界对他们来说，永远没有快乐的事情，高兴的事被抛在了脑后，不顺心的事却总念念不忘。每时每刻，他们都有许多不开心的事。当他们不停地抱怨时，不仅把自己搞得很烦躁，同时也把别人搞得很郁闷。

著名戏剧家夏衍说："当种子不落在肥土而落在瓦砾中时，有生命力的种子绝不会悲观和叹气，因为有了阻力才能有磨炼。"

只看自己所有的，不看自己所没有的

有些年轻人把一切美好的事物视为理所当然，因此他们从不会感谢谁。而一旦情况发生变化，无论是天灾人祸，还是人为的，他们都认为是冒犯了自己的利益，快快不乐，甚至勃然大怒。

老年人之所以能做到那么平静，是因为人生的路，他们走过了大半，因而懂得了生命是上天赐予的福分，不可要求过多，他们知道"只看自己所有的，不看自己没有的"。

在现实生活中，我们常自认为怎么样才是最好的，但往往会事与愿违，使我们不能平静。

其实，也许目前我们所拥有的，不论顺境还是逆境，都是对我们最好的安排。我们所做的只是要学会在顺境中感恩，在逆境中依旧心存喜乐而已。

对于一个人来说，快乐的活着就是成功的人生，所以谁都会渴望自己能够拥有更多快乐，然而快乐却不是人人都能拥有的，于是有的人开始怨天尤人，怪上天不偏爱自己，抱怨事业不顺、同事不和……其实这些都不是不快乐的决定因素，真正决定快乐与否的只是我们自己！快乐其实是一种心境，一种精神状态。快乐发自内心，我们可以随时创造一种"我很快乐"的心境，要多快乐，就会有多快乐。

人生在世，不可能一帆风顺，种种失败、无奈都需要我们勇敢地面对、豁达地处理。

感谢一切你所拥有的吧，这才是一种真正的处世哲学，是人生中的大智慧！

人物博览馆

夏衍：中国剧作家。浙江余杭人，早年参加五四运动，编辑进步刊物《新浙江潮》。后公费留学日本，留学期间参加日本工人运动和左翼文化运动。1927年被日本驱逐回国，同年加入中国共产党。1929年同鲁迅筹建中国左翼作家联盟，后组织中国左翼戏剧家联盟。1939年后，夏衍任《救亡日报》总编辑、重庆《新华日报》代总编辑、中共香港工委书记。新中国成立后，他历任上海市委常委、宣传部长、文化部副部长、中国文联副主席、中日友协会长、全国人大代表、全国政协常委。代表剧作有《包身工》《上海屋檐下》《心防》《法西斯细菌》。

成长金点子

心存感恩的小方法：

1.细细数一下自己都拥有什么，并且为自己所拥有的全部事物找到优点。比如，健康的身体、聪明的头脑、良好的记忆力、灵活的手脚、幸福的家庭、真心的朋友、一个不大但是明亮的小房间、一个可爱的水杯……认真做完这些，我们一定会觉得自己很富有、生活很幸福，而且自己也很优秀！

2.从身边的小事做起，比如，在家帮助父母做些家务、在父母生日时送上一份自己动手做的礼物，或是送上一张写有祝福语的卡片。

3.不要抱怨一切不如意，可以试着从另一个角度去想，这件事除了给自己带来一些麻烦和不良后果，是不是还带来了一些益处。长此以往，我们的心态会变得更加平和、乐观。

小任务

想一想，从出生到现在，你的父母为你做了哪些事？面对父母，你应该持有的态度是什么？你应该怎样对待父母？

年　　月　　日

第6天／感激苦难的磨砺之恩

　　最精美的宝石，受匠人琢磨的时间最长；最贵重的雕刻，受的打击最多。如果你的生命是一棵树，苦难就是你的生命之树必须要开的杈。

　　树要长大，就必须生出枝杈；人要长大，就必须经历苦难。

　　1800 年，贝多芬经过刻苦的学习终于在自己的音乐会上确立了其作曲家的地位，可此时，他的听力却逐渐衰退。

　　1802 年，因耳聋的恐惧和失恋，他竟有自杀的冲动，后终于克服危机，重振精神，继续作曲。此后 10 余年，他经历了思想和生活的动荡，至 1819 年完全失聪。晚年生活仍多不幸，疾病缠身，经济困难。

　　然而面对苦难的重重打击，他却说："痛苦能够毁灭人，受苦的人也能把痛苦毁灭。创造就需要苦难，苦难是上帝的礼物。卓越的人的一大优点是：在不利与艰难的遭遇里百折不挠。"

　　正是这种不屈服于苦难并对苦难心怀感激的心态，使他在失聪后仍写下了第三至第八交响曲、第四与第五

人物博览馆

　　贝多芬：德国作曲家、钢琴家、指挥家。维也纳古典乐派代表人物之一。代表作品有《c 小调第五交响曲》《升 c 小调第十四钢琴奏鸣曲》《爱格蒙特序曲》等。他的作品对音乐发展有着深远影响，被尊称为"乐圣"。

钢琴协奏曲、《庄严弥撒曲》、第九交响曲等传世杰作。

贝多芬一生与苦难的命运搏斗，永不低头，对人生的感触极深，深刻地领悟了人生的意义，在作品中融入不少前人不曾想象的深刻感情，处处充满了自信。

这些作品正如灿烂绚丽的万丈光芒，照耀着整个生命的园地，展现出崇高的志气与奔放的热情，十分令人感佩。

尼采说："极度的痛苦才是精神的最后解放者，唯有此种痛苦，才强迫我们大彻大悟。"

我们应学习贝多芬这种不畏艰难、努力向上的情操，更要学习他从苦难中挣扎站立后，依然感激苦难并视之为上帝的礼物的那种对人生的透彻领悟。

人在面对苦难时会有不同的态度，而不同的态度也就表达着不同的对困难、对生命、对人生的理解，不同的理解也相应地就有了不同层次的诠释。

第一层应是一种最肤浅的理解——苦难就等于不幸。

苦难确实能给人带来一些痛苦和折磨，因而有的人在苦难来临时，只能感到难过、痛苦、忧郁、彷徨。他们觉得自己是世上最不幸的，人生一片灰暗，所以怨天尤人，牢骚满腹，叹息命运不公、世事艰难，既没有勇气在自己身上找出缺点教训，也没有勇气正视苦难。结果只能在苦难中沉沦。

在这样的理解中，苦难仅仅是苦难，当然，也还是绝望的代表，是地狱的引路人。

第二层是一种豁达的理解——苦难等于磨炼。

这种理解思想最有代表的就是孟子的"天将降大任于斯人也，必先苦其心志，劳其筋骨，饿其体肤，空乏其身，行拂乱其所为，所以动心忍性，增益其所不能"。

有些人把苦难当成激励自己前进的原动力，他们在苦难中鼓起生活的勇气，学会战胜困难的方法，在苦难中磨炼自己百折不挠的意志，使自己变得越来越坚强，进而激起自己百折不挠的勇气去战胜困难，在奋勇攀登中去谋求新生，达到胜利的彼岸。

李敖先生曾经说："能吃苦的人受半辈子苦，不能吃苦的人受一辈子苦。"

熬过了苦难就能等来幸福，走过了冬天就能迎来春天。

在这样的理解中，苦难依然是苦难，但更是磨炼的课程，是希望的代表。

第三层当是最深刻、最彻底的理解——苦难等于财富，苦难可以享受。

著名的赏识教育家周弘曾说过："面对苦难时，就要享受苦难。"这句话很不容易理解，苦难不是有趣的，可以忍耐，可以承受，却如何享受呢？

周弘先生是这么解释的，他用手指着窗外的一棵树，对他的女儿说："你看这棵树，是第一个枝杈开得大，还是后面的杈开得大？"

女儿回答说："是第一个枝杈开得大，后面的越来越小。"

他说："这树杈就代表着我们享受苦难的能力。当我们刚刚走向社会遭受第一次打击的时候，我们的杈开得最大、反应最强。很多人表面上很坚强，可无形的生命之树却枯萎了，变得冷漠了，没有激情了。而真正热爱生命、充满激情的人，不是他面临的苦难越来越少，而是他承受苦难的能力越来越强，这样你的生命之树就会枝繁叶茂。"

多么精辟、多么智慧的解释！

苦难就是我们生命的一部分，既然我们都懂得应该善待生命、享受生命的乐趣，那我们就同样要懂得人生要尊重困难、感谢苦难，并享受苦难带来的成长和磨砺！

歌德说："让珊瑚远离惊涛骇浪的侵蚀吗？那无疑

人物博览馆

李敖：台湾作家，中国近代史学者，时事批评家。其作品文笔犀利，批判色彩浓厚。著有《北京法源寺》《李敖有话说》《红色11》等100多本书，而其中有96本被禁，创下历史纪录。

知识万花筒

赏识教育：周弘老师首倡并全身心倡导、推广的一种全新的教育理念。这种教育理念在教育过程中强调"承认差异、允许失败、无限热爱"。周弘老师用这种教育方法将双耳全聋的女儿周婷婷培养成了留美博士生，被新闻媒体称为"周婷婷现象"。

阅读小感悟

在人生的旅途中，如果一个人总是处在一帆风顺中，那么就极易安于现状，消磨斗志，因而也就失去了创造力；但是，当一个人遭受苦难之际，为了摆脱厄运就要发愤图强，此时他则会调动起全身心的潜在能力去创造和反抗，从而有所成就。

是将它们的美丽葬送。痛苦留给你的一切，请细加回味！苦难一经过去，人生就变得甘美无比。"

人生旅途，是苦难与幸福相依的过程，是挫折与成功交织的经历，是忍让与自律的心境，是淡泊与激奋的交织。

莫慨叹人生好辛苦。人生的道路上，没有荆棘密布的丛林，又怎会有坦荡的阳光大道？没有暴风雨的洗礼，又何显雨后彩虹的绚丽？

感激苦难，苦难是人生的宝贵财富；感激苦难，只有在苦难中我们才能真正走向成熟！

成长金点子

感激苦难的小方法：

1.要勇于面对苦难，不要过于在意一些挫折和失败。困境总是暂时的，试想，一个进入了谷底的人再走不是只能越走越高吗？

2.要学会感激苦难、享受苦难，就要辩证地看待事物。塞翁失马，焉知非福？就如同生了一场大病，病好之后，可能身体里又多了一种免疫力，而且在这期间还懂得了很多医学上的常识。

3.苦难是人生最好的大学，从这所大学走出来的人，会更加懂得生活、珍惜生活。要知道如何感激那些给予我们伤痛的人，感激他们让我们更快地成长。

小任务

除了文中提到的故事，你还看过哪些人物经历苦难最终获得成功的故事？讲给你的好朋友听，跟他分享一下这个故事带给你的思考。

第7天／感谢父母的养育之恩

在我国源远流长、博大精深的传统文化中，孝敬父母从来都是其中历久不衰的主题——"百善，孝为先"的名言人尽皆知；"二十四孝"的故事千古流传；"谁言寸草心，报得三春晖"更是流芳百世的佳句。

所谓"树高千尺终有根，水流万里终有源"。孝敬父母不仅是中华民族的传统美德，也是先辈传承下来的宝贵精神财富，更是为人子女者应尽的义务和义不容辞的责任。

1962 年，陈毅元帅出国访问回来，路过家乡探望身患重病的老母亲。

陈毅进家门时，母亲正要迎接，忽然想起换下来的尿裤还在床边，就示意身边的人把它藏到床下。

陈毅见到久别的母亲，上前握住母亲的手，关切地问这问那。过了一会儿，他对母亲说："娘，我进来的时候，你们把什么东西藏到床底下了？"

母亲看瞒不过去，只好说出实情。陈毅听了，忙说："娘，您久病卧床，我不能在您身边伺候，心里非常难过，这裤子应当由我去洗，何必藏着呢。"

旁边的人抢过尿裤要去洗，陈毅急忙挡住说："娘，

人物博览馆

陈毅：四川乐至人，中国共产党党员，伟大的无产阶级革命家、政治家、军事家、外交家、诗人。他是中国人民解放军的创建者和领导者之一，中华人民共和国元帅。新中国成立后，陈毅成为第一任上海市长。

我小时候，您不知为我洗过多少次尿裤，今天我就是洗上 10 条尿裤，也报答不了您的养育之恩啊！"

说完，陈毅把尿裤和其他脏衣服都拿去洗了。

陈毅元帅在百忙中抽空回家探望瘫痪在床的母亲，为母亲洗尿裤，以关切的话语温暖抚慰病中的母亲。他的一片孝心，值得天下所有儿女学习和效仿。

人们之所以把"孝"看得如此重要，是因为孝敬父母不仅是人类最原始、最本能的情感，也是一个人善心、爱心和良心形成的情感基础，更是良好人际关系形成的基本前提。

我们应该把父母当成自己最好的朋友，以谦和有礼的态度对待父母，切勿总是忽略对我们最用心的人，伤害和我们关系最亲密的人。

试想，一个人如果连自己的父母都不爱，连孝敬父母、报答养育之恩都做不到，谁还相信他是个有爱心、有责任感的人呢？又有谁愿意和他打交道呢？

然而，一些自我意识和独立意识正在逐步增强的青少年却认为，父母为子女做什么都是天经地义的，他们不仅不会以一颗感恩的心去孝敬自己的父母，还总觉得父母"小题大做，干预过分，就知道管我们，从不理解我们"。因此，他们对父母态度十分冷淡，甚至还以飞扬跋扈、蛮横霸道的态度公开顶撞父母。

其实，当我们在埋怨父母唠叨时，当我们嫌弃父母观念太老时，当我们自以为对父母的逆反是标榜自己的成长时，当我们在怨恨命运如此"不公"时……我们应更多地考虑父母付出的艰辛：

我们来到这个世界，是父母赋予我们骨血、秉性和灵气；

不慎跌倒，是父母那双厚实温暖的大手将我们扶起；

一时迷失，是父母那朴实温馨的话语给我们导航；

一次小小的成功，是父母那满足的笑脸给我们无限鼓励；

阳光灿烂的日子，是父母送给我们一片明媚的晴空；

飘雨落雪的时节，是父母及时地为我们撑起一把温情的大伞；

……

因此，无论什么时候，无论什么原因，我们都不能嫌弃父母，更不能苛求父母必须有很大的本事和丰富的财富，而应该感谢父母为我们所做的点点滴滴：对我们行程的惦念，对我们成长的担忧……

不可否认，确实有一些父母，由于没有知识，或者没有爱的能力，教育方法、教育手段有诸多不当，伤害过自己的子女，给子女留下痛苦的记忆。

我们要让自己从早年经历的阴影中解放出来，要为自己创造一片新的天地，不仅要宽恕父母，宽恕他们当年教育中的种种不妥，还要真切地体会到"爱之深，责之切"的道理，对他们的养育之恩抱以深深的感激。

因为正是他们不厌其烦地为我们洗了那么多的尿布，花了很多时间和精力教我们慢慢用汤匙、用筷子吃东西；教我们系鞋带、扣扣子、溜滑梯，教我们穿衣服、梳头发，教我们背儿歌，还要绞尽脑汁去回答我们不知道从哪里冒出来的古怪问题……我们才有机会拥有那一段青春任性的岁月，才慢慢地学会了坚强，学会了如何坦然地面对生活。

当然，希望能孝敬、感谢父母的人还是很多的，但做到的却总是寥寥无几。遗憾自己太忙者有之，叹息自己没钱者有之，种种原因，层层顾虑，让感谢父母的承诺和愿望总是排在一切凡尘俗事之后而无法兑现。

有人发誓说："等咱有了钱，一定让父母住别墅、坐豪车！"这是一种豪言壮语，可如果我们一辈子发不了财、当不了官，或者父母无福等到那一天，我们的感恩之誓岂非成了一句空话？而且还有可能造成"子欲养

知识万花筒

飞扬跋扈：指骄横放肆，不受约束，目中无人。飞扬，放纵；跋扈，蛮横，霸道。出自《北史·齐纪上·高祖神武帝》："景专制河南十四年矣，常有飞扬跋扈志。"

滑梯：一种儿童体育活动器械。在高架子的一面装上梯子，另一面装上斜形滑板，儿童从梯子上去，从斜板滑下来。当孩子"嗖"地滑下来时，能享受到成功的喜悦，还能培养他们的勇敢精神。常见于幼儿园或儿童游乐场中，一般适宜于3～6岁的儿童。

而亲不待"的遗憾，使我们陷入深深的悔恨中。

其实，感谢父母的养育之恩与自己的地位、财富、时间并没有直接的关系，关键在于我们的心，在于依据每个人自身的条件，一点一滴地、连绵不断地、涓涓溪流般为父母尽孝心。

当父母还年轻力壮的时候，为什么我们不能常回家看看呢？一句暖暖的问候，随意买的宵夜，亲自做的一顿家常晚餐，陪母亲逛逛街、唠唠家常，帮爸爸捶捶后背揉揉肩……那是父母的幸福，更是我们自己的幸福啊！

成长金点子

孝敬父母的小方法：

1.当父母对你产生误会时，不要顶撞、争辩，等父母的心情稍好一些时，再心平气和地作解释和说明。

2.当父母行为出现过失时，我们应善于谅解，以减轻父母的负疚心理。万不可以父母的过错为把柄，时不时地提出来，让他们难堪。

3.日常生活中不向父母提不切实际的经济要求，不要对父母口出怨言，也不要总是埋怨自己父母比不上同学的父母。

4.和父母交谈时，不要使用"懒得跟你们说清楚"的含糊表达方式，也不要用"反正你也不会答应"的直接拒绝沟通的方式，更不要用"我既然说了就算数"的强迫父母答应的方式。

5.要体贴、关心自己的父母，主动分担父母的辛苦和忧愁，并抽空陪父母聊聊天、散散步，还要记得为他们过生日，尽可能送一些礼物。

小任务

你觉得自己是个孝顺的孩子吗？父母下班回家后，主动为他们倒一杯水；晚饭后，帮妈妈刷刷碗……然后观察一下父母的反应。

第8天／感谢老师的教育之恩

古语说："一日为师，终身为父。"在人生的旅途中，无论我们走得多远、飞得多高，都不能忘记老师对自己的教育之恩、关怀之情，都要以一颗感恩的心去尊敬老师、爱戴老师。

1932 年 5 月，华沙镭研究所建成了，作为赞助人的居里夫人愉快地接受了祖国的邀请，到华沙去参加开幕典礼。

5 月 29 日这天，华沙的著名人物都簇拥在居里夫人的周围，他们中间有共和国总统、部长、著名的科学家，居里夫人的亲人也在场。

在典礼快要开始的时候，居里夫人突然从主席台上跑下来，穿过捧着鲜花的人群，来到一位坐在轮椅上头发斑白的老人面前，深情地握住了她的双手，并亲自推着她向主席台走去。

回到台上，居里夫人向大家介绍，这位老人就是自己中学时代的老师，她已经 80 多岁了。

见到这种情景，人们都激动地为她鼓掌，幸福的泪水挂满了老人的双颊。她没想到自己的学生成为世界名人后，对她还那么的尊敬！

知识万花筒

华沙：波兰首都、历史名城。华沙是波兰第一大城市，是波兰的工业、贸易和科学文化中心及最大的交通运输枢纽。华沙位于波兰的中部平原上，坐落在维斯瓦河中游西岸，面积 516.9 平方公里，是中欧诸国贸易的通商要道，自古以来就是非常繁华的地方。

　　世界著名的科学家居里夫人，在取得成就和受到别人尊敬时，却始终不忘自己中学时代的老师，充分体现了居里夫人"尊师爱师"的高尚美德，也给世人留下了美谈，作出了榜样。

　　感念师恩、回报师恩，历来都被人们所崇尚，无论是古代魏照对郭泰的毕恭毕敬，还是近代鲁迅对藤野先生的怀念之情，无一不为我们作出了表率，而中国人民的伟大领袖毛泽东更是堪称尊师的典范。

　　毛泽东青年时代听过徐特立先生的课。1959年，毛泽东回到了阔别32年的故乡——韶山，请韶山的老人们吃饭。毛泽东亲自把老师让在首席，向他敬酒，表达自己对老师的敬意。

　　当徐特立60寿辰时，他特意写信向徐老祝贺。信中说："您是我20年前的先生，您现在仍然是我的先生，将来必定还是我的先生。"

　　可见，"尊师则不论其贵贱贫富矣"，我们也应该用自己的实际行动写好感念师恩的续篇，这样才无愧于辛勤培养我们的老师。

　　在人生道路上总会有很多人给我们关怀和鼓励，他们会在我们困惑的时候给我们指点迷津，在我们难过的时候给我们安慰，在我们成功的时候给我们掌声……

　　他们中或许有我们的父母，或许有我们的朋友，或许有我们的同学……但无论怎样，都少不了我们的老师——始终陪伴我们成长的每一个阶段的人。

　　正是老师的左右相伴和谆谆善诱，传道授业解惑，让我们从一个无知的孩童成长为一个有思想的成年人，在人生的扉页上洒下一片片光明——

　　小学时代，老师用无数个故事和形象生动的语言为我们开启了一扇神奇的知识之门，带我们在知识的海洋中追思古人。遥想未来。在我们看来，他们是如此的神圣，高不可攀，就像记忆中伟岸的父亲……

　　中学时代学习很紧，老师对我们很严格，稍有错误就会严厉批评。面对老师的苦口婆心，我们却很不在乎，可老师并没有理会我们的态度，总是一边说着批评的话，一边帮我们做值日，就像慈祥的母亲……

　　到了大学时代，老师和我们的接触不像小学、中学那样密切了，甚至于毕

业后，我们几乎忘记了他们的名字，然而他们却能在毕业聚餐中叫出每一个学生的名字，更有甚者连学生的家乡是什么地方都一清二楚……听到老师叫着自己的名字及对自己的祝福，我们常常惭愧又激动：原来接触并不多的老师还是在关注着自己的啊！

可以说，正是有了这些平凡而可爱的老师对莘莘学子的爱护和培养，才有了今天千千万万个不同岗位上的人才发挥巨大的作用。

正是有了这些园丁的辛勤工作，才使得许许多多的人实现了宏大的愿望，拥有了辉煌的成就。

因此，无论青春年少，还是皓首白发，无论是普通百姓，还是声名显赫之人，都不应该忘记：老师曾甘为渡船，把我们引向理想的彼岸；老师曾甘当人梯，送我们攀登成功的巅峰。

然而，在现实生活中，有些青少年自认为自己已经成熟，便看淡了老师的引导作用。他们对老师讲课的内容不屑一顾，见了老师擦肩而过不打招呼，甚至给老师起外号等。

殊不知，三人行必有我师，对于任何一位曾经指点过自己的人，我们都应该心怀感激和尊敬，更何况对一直默默地关心、爱护、教导我们的恩师呢？

因此，无论是小学、中学、大学，还是我们走入社会，功成名就之时，除了要感谢父母和朋友外，对于那些辛苦培养过、教育过、发现和鼓励过我们的老师，我们更应该发出来自心底的感谢——

感谢他们像园丁一样用自己的心和手，栽种起一片

人物博览馆

郭泰：东汉末学者。字林宗，太原介休（今属山西）人。他身长八尺，相貌魁伟，喜周游，与当时声望很高的士人领袖李膺等交好，名重洛阳。他的相关事迹在《后汉书》《世说新语》中均有记载。

知识万花筒

韶山：因虞舜南巡而得名，是中国人民的伟大领袖毛泽东同志的故乡，也是中国优秀的旅游城市、全国著名的革命纪念地。韶山位于湖南省中部偏东，湘潭市市区以西，面积 247 平方公里。著名景点有毛泽东故居、滴水洞、青年水库等。

果林，无论严寒还是酷暑都辛勤地浇水、施肥，无论狂风还是暴雨都悉心呵护幼苗的成长。

感谢他们时时刻刻关怀我们，在我们危险时保护我们，在我们犯错时引导我们，在我们成功时和我们一道喜悦，在我们失败时让我们树立信心。

感谢他们不为名利，不为报酬，不为自己，只为千千万万的孩子能够健康成长，只为自己的学生能够成才成人，虽似一烛微火，却燃尽自己，为学生点亮精彩的人生！

当然，感谢老师的教育之恩不能停留在口头上，也不能只在教师节当天送送礼物，这样的感谢只是公式化的感谢。

只有先端正了态度，从内心认识到老师职业的神圣与伟大，认识到老师对我们成长的巨大推动作用，并用实际行动和优异的成绩来回报老师的教育之恩，才能使自己的灵魂得到升华，才能塑造自己完美的人格和品质。

成长金点子

感谢师恩的小方法：

1.学生应处处施"弟子礼"，不可直呼老师姓名或绰号，以维护老师尊严。

2.在上课前，应主动帮助老师拿教具、做准备、擦黑板、搬作业本等，课后帮助老师送教具、整理实验室等。

3.对于老师的教诲，应端正认识、虚心接受，并且要表示感谢，不可不屑一顾，更不能当众顶撞老师。

4.学生应主动保持和扩大与老师的交往。比如，当老师生病时可以前去看望等。

小任务

迄今为止，对你帮助最大的老师有哪几位？你们还有联系吗？不妨给老师打个电话，问候一下。

年　　月　　日

第9天／真诚是建立友谊的基础

　　友谊是人生的一笔财富，就像银行里的存款，在困难时刻能帮我们渡过危机。有几个知心好友，我们才会在工作和生活中有更踏实的感觉。

　　那么如何获得这笔财富，如何得到真诚的友谊呢？

　　当乔治·华盛顿还是一名上校时，他率领部队驻守在亚历山大市。

　　在选举弗尼亚议会的议员时，一个名叫威廉·佩恩的人和华盛顿形成了对抗。华盛顿出言不逊，冒犯了佩恩，对方一怒之下，将他一拳打倒在地。华盛顿的部下闻讯赶来，准备教训一下佩恩，被华盛顿阻止。

　　翌日，华盛顿派人送给佩恩一张便条，要求他尽快赶到一家小酒店来。佩恩怀着凶多吉少的心情如约而至。

　　然而出乎意料，华盛顿见佩恩到来，立即站起来迎接他，伸过手真诚地说："佩恩先生，犯错误乃人之常情，纠正错误是件光荣的事。昨天是我不对，你已经在某种程度上得到了满足。如果你认为已经挽回了面子，那么握住我的手，让我们交个朋友吧。"

　　华盛顿真诚的话语和行动感动了佩恩。从此，佩恩

人物博览馆

　　乔治·华盛顿：美国首任总统。连任两届后自动放弃权力，归隐田园。由于他在美国独立战争和建国中发挥的重要作用，被尊称为"美国国父"。

成为热烈拥护华盛顿的人。

不计较恩怨得失的宽广胸怀固然是华盛顿能消除政敌心中怨恨的主要原因，而他之所以能够获得"敌人"的友情，更有赖于他能主动承认错误、善于自我批评的真诚交友表现。

和解是矛盾的结束、仇恨的化解；而真诚才是友情的开始，是获得真心朋友的基础。

事实上，我们每个人都有和他人交流的需要，也会有一时的困难需要帮助。此时能够帮助我们的人，除了家人，就是朋友。尤其是出门在外，离开家人在社会上打拼，就更需要朋友了。所以人们常说："在家靠父母，出门靠朋友。"

朋友就是我们能信任他，他也了解我们的人。朋友能分享我们成功带来的喜悦而不嫉妒；能倾听我们的烦恼而不躲避；能给我们有益的建议而不泄露隐私；能在我们需要的时候给予适当的帮助而不求回报……

然而，有的人一辈子也没有一个知心的朋友，有的人虽然有很多朋友，却没有可以真心信任的朋友，这是为什么呢？

有几种原因或许可以对此有所解释：

一是过于内向的性格不利于交友。

朋友首先有互相交流的需要，木讷寡言、心思过重都会影响和他人的交流。当然，内向不利于交友不等于交不到朋友，只是较难接近别人，但一旦接近，反而容易成为知心朋友。

二是枯燥乏味的人难交朋友。

友谊是在不断的交往中发展起来的，共同的爱好是发展友谊的重要基础。即使我们是个一般意义上的好人，但假若没有什么特长和爱好，不必说运动、音乐或旅游，甚至对聊天也没有兴趣，那么就很难和别人发展友谊。

最后一个原因则是过于自私、过于虚伪，不愿意付出真诚的人不会交到朋友。

私欲重的人在任何事上都会把利益的天平偏向自己，甚至在利益关头出卖朋友，这样的人虽然在平时会与人笑脸相迎，但又怎么可能得到别人的真心，

获得真正的友谊呢？

马克思说过："人的生活离不开友谊，但要得到真正的友谊是不容易的。友谊总需要真诚去播种，用热情去灌溉，用原则去培养，用谅解去护理。"

"需要真诚去播种"，就是说只有真诚才能换来友谊，只有真诚才是友谊建立的基础。那么我们要怎样对朋友、对他人付出和表现真诚呢？

首先，真诚的第一表现即在于对朋友、对他人的平等与尊重上。

齐国相国晏子路过赵国时，遇到3年前被卖到赵国中牟的齐人越石父，因见其气质、举止不凡，于是就把他赎出，并同他一道回到了齐国。

晏子到家以后，没有跟越石父告别，就一个人下车径直进屋去了。这件事使越石父十分生气，他要求与晏子绝交。晏子忙派人去问为什么。

越石父说："晏子用自己的财产赎我出来，是他的好意。可是，他在回国的途中，一直没有给我让座，我以为这不过是一时的疏忽，没有计较；现在他到家了，却只管自己进屋，竟连招呼也不跟我打一声，这不说明他并没有真诚待我，依然在把我当奴仆看吗？因此，我还是去做我的奴仆好了，请晏子再次把我卖了吧！"

晏子听后，赶紧出来对越石父施礼道歉，从此将越石父尊为上宾，以礼相待。渐渐地，两人成了相知甚深的好朋友。

一个人若受到不知底细的人的轻慢，是不必生气的；可是，他若得不到知书识理的朋友平等、真诚的对

人物博览馆

马克思：德国人。全世界无产阶级的伟大导师、科学社会主义的创始人。伟大的政治家、哲学家、经济学家、革命理论家。主要著作有《资本论》《共产党宣言》等。

晏子：即晏婴，齐国上大夫，春秋后期政治家、思想家、外交家。晏子历任齐灵公、齐庄公、齐景公三朝卿相，辅政长达50余年。当政期间，以生活节俭、礼贤下士著称。

待，必然会愤怒！任何人都不能自以为对别人有恩，就可以不尊重对方；同样，一个人也不必因受惠于人而卑躬屈膝，丧失尊严。

其次，真诚就是要把心胸打开，把虚伪斩断，把非分的欲望、灰色的思想剔除，从而多一点善心美意，多一点热情奉献。

谁都有帮助别人的机会，谁都会遇到需要别人帮助解决的难题，只有大家真诚相处、相亲相爱，人间才有温暖与和谐，你我才有知心温暖的朋友。

真诚就像春天里的一缕微风，冬夜里跳动的火苗，带给人和煦与温暖。在人际交往中，我们不需要美丽的谎言，不需要虚情假意，只需要互相真诚相待。

真诚就像一根绳，一头是你，另一头是我，你拉着绳头，我拉着绳尾，让彼此不再孤单、难过……在漫漫人生路上，拥有真诚就能让我们拥有朋友，而拥有真诚的友谊又是一件多么幸福的事！

真诚永远是人类最高尚的品质，那就让我们每一个人都用真诚的心去对待他人，用真诚的心去感悟他人，共同走出一条幸福之路吧！

成长金点子

真诚待人的小方法：

1. 朋友相处，万万不能欺骗。

2. 真诚要从对自己开始。我们必须先对自己诚实、守信，对自己负责，对得起自己的良心，才能对得起别人，做到对别人真诚。

3. 以真诚待人，并不是为了要别人也以真诚回报。真诚的人是不图利益、不求回报、坦坦荡荡的。

小任务

想一下，你有几个好朋友？你们是怎样成为朋友的？平常又是怎么相处的呢？

第10天／距离成就友情

有人戏说："车与车太近，准出车祸；人与人太近，准出矛盾；铁轨接头之间也要留有间隙，才能应对热胀冷缩的变化。"此话虽粗，但理不粗，朋友间也应当保持适当的距离，只有有了距离的友谊，才有可能天长地久。

香港作家张小娴求学时，她的校友中有一个比她高一级的女孩子去了美国。

她们本来只是很普通的朋友，但那个女孩子到了美国之后，也许太寂寞，就常给她写信。因为感动，张小娴也常写信给她。

在信中，她们总是把最私密的事告诉对方，征求对方的意见，甚至毋须在信上叮嘱对方，不要把这些事告诉任何人，因为双方都深深地相信对方不会把自己的事告诉别人。

那些信件是她们共享的秘密，她俩也成了最好的朋友。

在那个女孩留学的 3 年里，她们只是通信而没有见面。然而，当她从美国回来时，她们的友情却是 3 年前无法相比的，仿佛是故人重逢。

因此，张小娴感叹道："最好的朋友，还是应该有

人物博览馆

张小娴：香港著名言情小说家。代表作品有《面包树上的女人》《荷包里的单人床》等。

距离的。"

是什么让原本感情很普通的一对朋友，在远隔万水千山、3 年没有相见的情况下，成了最亲密、最要好的朋友呢？

就是那段遥远的距离！

这段相隔十万八千里的距离，虽然把两位友人的身体拉远了，却把心灵拉近了。

距离，真是一个奇妙的东西，看似简单，而实际上却蕴藏着大学问。

人们常常喜欢说："距离产生美。"距离所产生的模糊与朦胧仿佛总是蕴藏着说不清的轻柔而温暖、含蓄而扑朔迷离的美丽。

于是，友情也就在这种距离之美中诞生！因为有距离，所以不用担心笑里是否藏刀，可以放心大胆地袒露心怀；因为有距离，所以不用怀疑真诚是否虚伪，可以用真诚回报真诚；因为有距离，所以不用猜忌人心隔着肚皮，不必担心利益纷争……

古人说："君子之交淡如水，小人之交甘如醴。"我们在年轻的时候，或许还很难理解这句话的真正含义，总是疑惑，为什么君子之间就不能亲亲密密、朝夕相处呢？

但等我们经历了一些事后，就都逐渐地明白了，友情，其实是一朵脆弱的花，过多的亲密会让它窒息而死，或者说更像一幅绝美的油画，若隔得太近去看，也不过是一堆斑驳杂乱的色彩而已。

好的朋友，如同事业上的阳光、生活中的雨露，会使一个人的人生更加美好、事业更加有成。正如爱因斯坦所说："人世间最美好的东西，莫过于有几个正直的朋友。"

但是，要想拥有友谊，并且长久地拥有却也并非易事。很多人都是怀着一腔热情，希望能与朋友亲密无间，以示友情的忠贞，尤其是少年朋友更是如此，一旦遇到情投意合的好朋友，就恨不得同吃同住，永远在一起。

然而结果却总是事与愿违。长时间近距离的接触，难免磕磕碰碰，两人之间发生摩擦、产生口角，最终反倒使友情不纯不真，甚至破裂。

其实，这就是因为他们不懂得朋友交往的原则：关系再亲密也要保持一定的距离。

在与人相处、与朋友交往时，我们一定要懂得适当地保持距离，这样才能为双方留出足够的安全与独立空间；朝夕相处、形影不离，开始时固然能感觉到亲密甚至甜蜜，但天长日久难免会因互相妨碍而心生厌烦。

孔子曾说："临之以庄，则敬。"意思是说，朋友之间不要过分亲近，要互相保持一定的距离，这样才可以获得对方的尊敬。

距离是维持朋友关系最重要、最微妙的空间，有距离才能保持友谊的长久。遗憾的是，很多人并不懂得这个道理，不善于调整距离，往往导致与朋友交往时失礼失控，这便犯了交友的大忌。

因为我们人生阅历不够丰富，还并不能理解友情的真实含义，总是担心距离会让朋友之间生疏，怕因此而失去一段美好的友情。

而事实上，距离并不会成为情感的隔阂。友情有友情的距离，不在乎太远，再远的友情也有办法传递彼此的思念，只是不需要太近，太近了反而容易损坏友谊娇嫩的花朵。

有些人友误以为好友之间应该无话不谈，亲密无间，却不懂得过多了解别人的隐私和过多介入别人的生活于人于己都是负担。

无论多要好的朋友，都不应占用对方太多的时间，

阅读小感悟

君子之交淡如水。淡是合理的尺寸，要好好把握；淡是平平常常，随遇而安；淡是丝丝缕缕，不需理由；淡是点点滴滴，不要借口；淡是自自然然，不需雕刻；淡是一种距离，不远不近；淡是一支小夜曲，轻松愉快。

如果希望友谊长久而稳定，就要把握好交往的分寸，不可过于亲密。当然，保持距离也不是说不能在一起，如果过于疏远，尤其是情感上的联络过少，同样不利于长久地保持友谊。

不要经常性地无事拜访或经常做不速之客，更不应过多介入对方的家事。

其实，大千世界，芸芸众生，茫茫人海，红尘滚滚，朋友能够遇到彼此，能够走到一起，彼此认识，相互了解，实在是缘分。

在人来人往、聚散离合的人生旅途中，每个人都有不同的经历和背景，想完全了解一个人是很难的，也是不必要的。况且，若真的要了解一个人，反倒是保持在适当的距离更可以把对方看得清楚，又何必一定要形影不离呢？

友情，存在于我们生活中的每时每刻，建立一种友情，需要两个人很长时间的磨合，甚至是终生的磨合，而巩固和延续友情，则要付出更多的小心翼翼。只有避免过多的争执与过少的关爱，友情才会变得更加坚固。

就让适当的距离来帮助我们保持和维护友情吧，让友情之花在你我之间永远盛开，永不凋零！

成长金点子

用距离保持友谊的小方法：

1.不要对朋友的家人或其他朋友发表过多的评论，保持沉默要比口无遮拦地说错话好得多。

2.不要随便地打探、询问朋友的私事。如果是朋友主动说起，我们也要注意替对方保密。

3.要保持适当距离，既不能过分亲密，也不能过分疏远。

小任务

你怎么看"距离保持友谊"这种观点？跟你的朋友交流一下彼此的想法。

年　月　日

第11天／心中装一把择友的尺子

孔子早在2000多年前就对其弟子提出的交友告诫"益者三友、损者三友"，成为后世始终信奉的交友圭臬："益者三友，损者三友。友直，友谅，友多闻，益矣。友便辟、友善柔，友便佞，损矣。"意为：多交正直之友、守信之友、博学多闻之友，有益于走好人生之路；不辨善恶良莠，与奉迎谄媚、喜好恭维、花言巧语的人交友，就会遗患无穷。

1915年秋天，正在湖南第一师范读书的毛泽东，为了多结交志同道合的有志青年，共同探讨救国救民之道，做了一件很特别的事情。

他根据"毛泽东"三个字的繁体笔画数，用蜡板油印了一份二三百字的落款是"二十八画生"的《征友启事》。

在这则《征友启事》中，毛泽东提出的择友标准是"有志于爱国工作""随时准备为国捐躯"。最后引用了《诗经》上"嘤其鸣矣，求其友声"这两句诗，表达了他征求志同道合的青年做朋友的强烈愿望。

虽然这种创举不易为一般人所理解，《征友启事》散发到长沙各学校后，多次被思想守旧的校长扣压，但

人物博览馆

孔子：名丘，字仲尼，东周时期鲁国人。孔子是春秋末期的思想家和教育家，儒家思想的创始人。相传，他曾修《诗》《书》，订《礼》《乐》，序《周易》，撰《春秋》。他一生从事教育工作，被后人尊称为"至圣先师，万世师表"。

经过不懈的努力，毛泽东身边还是聚集了十几位志同道合的朋友，他们最终成为共同献身于革命事业的朋友。

每个人都有自己的朋友，每个人都有自己择友的标准。

有的人将朋友的名单定在名人或达官显贵的范围内；有的人只要拍自己马屁的便以朋友相待；还有的人持"予我有用即朋友"的原则；当然亦有人将朋友标准定得很高，严格到只有才学、品行、家世及相貌均为一流的人方可成为朋友。

青年毛泽东则不受功利、恩惠和情感的影响，而是强调思想认识和追求目标的一致性，将自己的择友标准定为"有志于爱国工作""随时准备为国捐躯"，不仅使自己身边聚集了十几位真正志同道合的朋友，更为未来革命事业取得成功赢得了强大的支持力量。

今天，我们在与人的接触中，自然会遇到年龄相若、性格相合、说话投机的人，但芸芸众生中，情投意合者并不一定适合做我们的朋友，因为我们不一定了解他的品行和志趣。

正如荀况所言："匹夫不可以不慎取友。友者，所以相有也。"

我们只有在自己的心中装一把择友的尺子，才能从有着相同或不同个性、爱好、思想、背景的人中寻觅出自己"真正"的朋友来。

然而，我们中许多人在交朋友问题上，往往缺乏认真的考虑和选择，盲目地认为如果自己对别人过分挑剔，则会使大部分人离自己而去，不能显示自己的好人缘，更不能做到"朋友多了路好走"。

培根曾经说过："缺乏真正的朋友乃是最纯粹最可怜的孤独，没有友谊则世界不过是一片荒野……凡是天性不配交友的人其性情可说是来自禽兽而不是来自人类。"

虽然人的生命离不开友谊，青少年多交朋友可以互诉苦恼、相互鼓励、从朋友那里得到温暖和力量，这是一件好事，但如果滥交朋友，也有"迷路"的危险。

因为人的精力总是有限的，与人过多过滥的交往，会耽误时间，不利于我们安心学习和工作，从而影响自身的成长进步，对生活造成不必要的麻烦。

更何况，"近朱者赤，近墨者黑"。

朋友之中，固然有"道义相砥，过失相规"的"畏友"、"缓急可共，生死可抵"的"密友"，但也有"甘言如饴，游戏征逐"的"昵友"，甚至有"利则相攘，患则相倾"的"贼友"，有欧阳修赞扬过的"同道"的朋友，也有他深恶的"同利"的朋友。

或许有的时候，我们不慎交了几个品质低劣的"损友"，久而久之，我们必然会受其生活方式、价值观念的影响。而哪一种生活方式适合自己、哪一种价值观念是正确的，我们有时"身在此山中"，并不能很好地辨别清楚，可能会因为交往过多而使自己无所适从，甚至迷失方向、误入歧途，为朋友所误。

甚至还有不明事体的朋友，自己那么讲义气，恨不得为朋友两肋插刀。可当这种友谊一旦决裂，他们便不再记挂往日的友情，反而会不惜对我们恶言相向，狠揭疮疤。

更令人揪心的是，有些朋友是会变的。随着环境的变化，一个人的际遇会发生很大的变化，有些人从高层跌落低谷，有些人从贫穷人跃为富翁。

如果是诤友、益友，就会始终如一地为朋友喝彩欢呼或分担痛苦，也就是说他会时时刻刻鼓励着朋友向上，总怕朋友跌跟头；当朋友跌了跟头时，他不是拍手称快，更不会乘机端上一脚，而是帮助、鼓励自

知识万花筒

情投意合：形容双方思想感情融洽，合得来。投，相合。出自明代作家吴承恩的《西游记》第二十七回："那镇元子与行者结为兄弟，两人情投意合。"

人物博览馆

荀况，战国末期赵国人。著名的思想家、文学家、政治家，儒家思想代表人物之一，被当时人尊称为"荀卿"。荀子在继承儒家学说的基础上，提出了性恶论，主张"人性本恶"。代表作品为《荀子》。

己的朋友。

但那些见风使舵、见利忘义的"朋友"，则会在我们的上升阶段，与我们称兄道弟、推杯换盏，甚至发誓为朋友两肋插刀，而在我们需要帮助和鼓励时，却无影无踪甚至落井下石，其差距真是天壤之别。

"择友如淘金"，我们刚刚接触世界，正处于世界观、人生观的形成期，在择友上更应该仔细鉴别，把握好尺度，这样才能真正找到和自己在品行上互相砥砺、工作上相互支持、学习上相互切磋、生活上相互关心的"益友"，万不可因交友不慎，让"损友"害了自己，耽误人生前途。

成长金点子

结交益友的小方法：

1.我们宜结交多种类型的朋友。

2.择友标准应灵活，多结交一些各式各样的人，培养与各种人打交道的能力，同时也可让自己得到一些有益的启示。

3.朋友必须建立在较全面、深入了解的基础之上。我们可以通过各种途径和渠道，真正了解朋友，以免误解人家或上当受骗。

小任务

你在交朋友的过程中，心中有没有一个标准？你觉得从不同的朋友身上，能分别学到什么东西呢？

第12天／主动伸出和解之手

　　生活是复杂的，每个人的生活经历不同，所处的环境也各不相同，难免对事物的认识"横看成岭侧成峰，远近高低各不同"，再好的朋友也都会发生分歧和矛盾。

　　正如拉布吕耶尔所说："若不能原谅彼此的小缺点便不能让友谊长存。"

人物博览馆

　　屠格涅夫：俄国19世纪批判现实主义作家、诗人和剧作家。代表作品有长篇小说《罗亭》《父与子》《贵族之家》等。

　　1861年，屠格涅夫邀请好友托尔斯泰到自己的新庄园做客。

　　席中，他对教育自己女儿的英国女教师赞不绝口，因为她教导女儿为穷人缝补衣服、为慈善事业捐款……

　　托尔斯泰听后，便开玩笑地说："我设想一位穿着华贵的小姐，膝上放着穷人又脏又臭的破烂衣服，在表演一幕不真实的舞台闹剧。"

　　不料，屠格涅夫却以为托尔斯泰是在讽刺他，马上怒不可遏，大声咆哮起来。托尔斯泰也不示弱，两人在客厅里大打出手，终致绝交。

　　1878年，托尔斯泰主动写信向屠格涅夫道歉。屠格涅夫立即写了回信："收到您的信我深受感动，我对您没有敌对情感，是我曲解了您的意思……"

这一年，在托尔斯泰盛情邀请下，60岁的屠格涅夫到波良纳庄园做客。

两位老朋友都很激动，托尔斯泰还把同旧友的和解称为"精神上的诞生"。

托尔斯泰能在17年后，主动向屠格涅夫递出友好的橄榄枝，使两个断交17年的朋友重归于好，使沉寂了17年的友情得到重生，不能不让人钦佩！

相比之下，很多时候，我们却往往因为一件小事，和朋友发生误会，而事后又不肯主动地向朋友伸出自己的和解之手，导致轻易地和相交多年的好友不欢而散、反目成仇，从此成为陌路人。

在现实生活中，我们应加倍珍惜并小心呵护友情，尤其是当与朋友发生冲突、产生误会时，更要理解和宽容别人所犯的小小过失，并主动抱以微笑，迈出化敌为友的第一步，使双方的友谊之树常青。

美国第三任总统杰斐逊在就任前夕，到白宫去与前任总统亚当斯会面，他试图让亚当斯明白，针锋相对的竞选活动并没有破坏他们之间的友谊。但杰斐逊还来不及开口，亚当斯便咆哮起来："是你把我赶走的！是你把我赶走的！"

从此，两人断绝来往达数年之久。后来，杰斐逊的几个邻居去探访亚当斯，这个坚强的老人仍在诉说那件难堪的事，但接着冲口说出："我一直都喜欢杰斐逊，现在仍然喜欢他。"

邻居把这话传给了杰斐逊，杰斐逊便请了一个彼此皆熟悉的朋友传话，让亚当斯也知道自己的想法。后来，亚当斯回了一封信，两人从此开始了美国历史上最伟大的书信往来。

也许是因为激动的心情，也许是因为盛怒之下失去了理智，也许是因为无法放下面子和虚荣，朋友之间常会产生一些误会，最终导致友谊的决裂。

但是，当冷静下来的时候，我们是否会回想一下当时的情形，回想一下自己对朋友的态度呢？也许我们真的误解了对方的本意，也许我们确实不是对方所认为的那样。

拿出理智，冷静地分析和思考一下，也许我们就会理解一切只是个误会，也许就会发现事实上我们真的舍不得朋友离去。

再拿出一些勇气，放下矜持，主动向朋友伸出友好之手，相信必会唤起朋友对友情的留恋，相信他必会欣然接受，重归于好。

对于青少年来讲，我们在生活中难免会因为观点、观念、兴趣爱好和行动上的分歧，和朋友发生争吵和摩擦。其实争吵并没有什么，可大多数人都会因为面子问题，很少在争吵后去主动与对方打招呼，时间久了，就会使两个人的关系笼罩上一层阴影。

如此，不仅会让我们失去一份真挚的友情，也会让我们失去一个风雨路上的同行者，更会让我们失去学习、工作上的好伙伴。这不能不说是一种憾事。

正如巴金所说："友情在过去的生活里，就像一盏明灯，照彻了我的灵魂，使我的生存有了一点点光彩。"友情在人的一生中有着举足轻重、不可或缺的地位。

因此，在青春岁月里，和自己的朋友因某些事不而发生争执和矛盾是非常常见的，可解决矛盾的关键不在争吵的本身，而是如何对待及处理矛盾。

首先，当朋友对你发脾气时，不要针锋相对，更不要据理力争。

很多时候，人们总喜欢把自己的喜、怒、哀、乐表现在自己最好的朋友面前，在自己朋友面前莫名其妙地大哭一场、无缘无故地破口大骂、手舞足蹈地嬉戏，甚至失态，这往往让有些人无法接受和理解。

其实在这时候，我们该感到高兴，因为那是一种对朋友的信任和依恋，说明朋友已经离不开我们，深深依恋着我们，把自己的心事毫无保留地传递给我们，希望

人物博览馆

杰斐逊：全名托马斯·杰斐逊，第三任美国总统。他在任期间保护农业，发展民族资本主义工业，从法国手中购买路易斯安那州，使美国领土近乎增加了一倍。他被视为美国历史上最杰出的总统之一。

亚当斯：全名约翰·亚当斯，是美国第一任副总统，其后接替乔治·华盛顿成为美国第二任总统。亚当斯也是《独立宣言》的签署者之一，被美国人视为最重要的开国元勋之一，同华盛顿、杰斐逊和富兰克林齐名。他的长子约翰·昆西·亚当斯后来当选为美国第六任总统。

和我们分享、分担。

其次，千万不要计较。

朋友之间，发生争执和冲突是正常的，关键看你如何处理。此时千万不要计较，一计较就像一盘菜里落进了灰尘，那就难吃了。吵归吵，不能老是抓住问题不放。

可以主动向朋友提出和解的请求，但如果朋友不接受和解，苦恼也是没有用的。因为当我们在为他不愿接受而生气时，他或许也在为我们做出的某种行为而懊恼。

因此，要冷静地分析朋友为什么不愿重新接受我们，然后再勇敢地放下架子，主动找对方好好谈一谈。

相信，随着话题的扩展，双方对彼此的了解会更加深入，心也会贴得更近，而友谊将会呈现另外一番风景。

当然，我们不是提倡言不由衷地去迁就朋友，而是要学会"放低姿态、放软身段"，学会"度他人之心"，理解朋友这样说的原因和立场。

只有尽量体谅朋友，才能叩开对方尘封的心扉，才能化干戈为玉帛，才能使友情永远温馨地驻留在彼此心间，才能使我们在漫长的人生路上和朋友携手而行。

成长金点子

主动和解的小方法：

1. 当朋友无缘无故地跟你发脾气时，我们应该安静地听他发牢骚、诉说不满，这样才能了解朋友情绪不好的原因，从而有效地化解矛盾。

2. 和朋友发生摩擦后，要主动去尝试沟通，用积极的态度唤起彼此的信任。

3. 当朋友有居心叵测的不良行为时，绝对不要一味地回避或逃避，否则就丧失了自己的品德和人格。

小任务

你曾经跟你的好朋友闹过矛盾吗？你们最终是怎样和好的？结合今天所学到的内容，谈一下你对友谊的看法。

第13天／正直是立身之本

　　精忠报国的岳飞被"莫须有"的罪名陷害而屈死风波亭，奸臣秦桧飞黄腾达享受高官厚禄，但后人对他们的评说却分别是："青山有幸埋忠骨，白铁无辜铸佞臣。""人从宋后少名桧，我到坟前愧姓秦。"

　　正直的人流芳千古，不正直的人遗臭万年，这就是直与曲的最终结局。

　　在一次国际乒乓球比赛中，我国的刘国正和德国的名将波尔在对垒。到了最后决定胜负的关键时刻，刘国正以 12 : 13 落后。如果再输一球，那胜利就是对方的。

　　就在这个关键时刻，刘国正的一个回球"出界"了，波尔的教练见状后立即起身狂呼，准备冲入场拥抱自己的弟子，庆祝胜利。

　　然而，戏剧性的一幕出现了，波尔举手示意，这一球是刘国正得分，因为这一球是擦边球。教练很惊讶，裁判很惊讶，所有的观众都很惊讶。

　　他们都看不出这一球是擦边球，刘国正更看不到这一球是擦边球，因为这个擦边球只有 1 毫米的距离之差。

　　但是波尔看到了。正因为波尔的这个举动，公平和

人物博览馆

　　岳飞：字鹏举，北宋抗金名将。他被誉为宋、辽、金、西夏时期最为杰出的军事统帅。在文学方面，他也颇有成就，代表诗词作品有《满江红》《小重山》《五岳祠盟记》等。

正义得到绝对尊重，刘国正反败为胜了。记者在采访波尔时，他的回答是："公正让我别无选择。"

尽管波尔输了比赛，但是，我们全世界的人都不得不对他肃然起敬。其实，在某种程度上，他才是真正的胜利者，他赢得光明磊落，赢得无私坦荡，赢得无愧良心，赢得公平正直，并赢得了所有人包括他的对手对他的尊敬。

很多时候，我们许多人都无法做到真正的公平、完全的正直。尤其是在竞争的道路上，在触及大的利益时，我们心中的那架天平总会情不自禁地微微偏向于己有利的一边。

子曰："人之生也直，罔之生也幸而免。"意思是说，人的生存要靠正直，不正直的人虽然也能生存，但那不过是侥幸免于祸害罢了。

既然正直是一个人的立身处世之本，那么，我们怎样做才算是正直？

首先一点，就是公平、公正，不藏私心。

就像波尔那样，当时那个球是否擦边，观众看不见，对面的刘国正更看不清楚，即便裁判也不可能看清楚，只有波尔看见了。当裁决的权力掌握在他一个人的手中时，他却毫不犹豫地主动示意，将到手的胜利还给了对手，尽管他完全可以当作没看见。

即使是1毫米也不能忽略，即使是在争夺冠军的关键时刻也不能丧失操守，这就是一个正直无私的人的表现。

正直的表现之二，就是要不畏强势，敢与强势斗争。

就像陶渊明，不为五斗米折腰，不与贪官污吏同流合污，宁愿隐居务农；像李白，不惧怕当朝权贵，让杨贵妃研墨，令高力士去靴。

强势者，力量必大于普通人，与强势者斗，往往会得不偿失。所以，有的人面对权贵，先已没了骨气，没了勇气，逆来顺受，只求苟安，明知法律被践踏、规则被破坏、道德被沦丧、也断不敢出来吭一声。

而正直的人，则会坚持正义、维护正义、发扬正义、反抗恶势力。面对一切与自己内心的正义观背道而驰的现象，正直之士都会奋起与之斗争。

正直的表现之三，就是要敢说敢为。

就像唐太宗身边的名臣魏征，以勇于犯颜直谏闻名，他与后继者房玄龄、杜如晦等人一起，共同创造了大唐盛世。

见到不平，不敢说，不敢做，不敢制止，如何能正直？有些人这也害怕，那也小心，唯恐引火上身，唯恐自己受到不平待遇，唯恐得罪人遭报复打击，唯恐自己的一点点利益也会丢去，所以纵然路见不平，也绕而行之。

谨小慎微或许能够偏安一时，但最终也会成为牺牲品，而且还会因纵容邪恶而丧失生命中良心的安宁。

正直的表现之四，就是要勇于承认错误。

正直不是不犯错误，敢做敢为也不见得事事都做得对，但正直者一旦认识到自己的错误，就会勇敢承认、勇于改正。有的人怕犯错误而不为，有的人明知是错也不承认，怕认了错便毁了自己的形象，便失去了自己的地位，这都不是正直之举。

正直是一种风骨，如同山崖苍松、冬日腊梅，于风急雪大处方显出高峻。

"富贵不能淫，贫贱不能移，威武不能屈"是孟子笔下正直的人生。

"粉身碎骨浑不怕，要留清白在人间"是于谦千古绝唱中咏叹的铮铮铁骨！

天地之间的各种诱惑太多了，人生的风雨太多了，站直了委实不易，此乃生活；偏要努力站直了，才是生活的胜利！

人物博览馆

陶渊明：字元亮，号五柳先生，东晋末期田园诗人、辞赋家、散文家。代表作品有《饮酒》《归园田居》《桃花源记》《归去来兮辞》等。

于谦：字廷益，号节庵，明代名臣。土木之变，英宗被俘后，于谦力排南迁之议，坚守京师，亲自督战，击退瓦剌兵。天顺元年（公元1457年），于谦以"谋逆"罪被冤杀。于谦与岳飞、张煌言并称"西湖三杰"。代表作品有《石灰吟》《节庵诗文稿》等。

成长金点子

坚持正直的小方法：

1.正直的人不会撒谎，也不会表里不一，是一个真正的忠实于自己做人标准的人。

2.做一个正直的人，从每一件小事上要求自己，如公平、公正、敢作敢当、不畏强权、坚持原则。

3.做一个正直的人，要学会保护自己，不能违背良心。一味地做和事佬，只会让自己的良知无法得到安宁。

小任务

生活中你曾经遇到过不正直的人吗？你了解到他做的哪些事情不妥当吗？你觉得正确处理这些事请的做法是什么？

第14天／尊重才能换得尊重

古人云："敬人者，人恒敬之。"也就是说，我们只有学会了尊重别人，别人才能加倍地尊重我们。

就像面对镜子，只有你笑时，镜子里的人才会笑；你皱眉，镜子里的人也皱眉；

就像对着空旷的大山高声呼喊："你——好！"它才会回应："你——好！"

一天，俄国作家屠格涅夫行走在大街上，看见一个乞丐，不仅蓬头垢面，还又老又丑。

他向屠格涅夫伸出了一只如树枝般粗糙、干枯、肮脏的手，嘴里念念有词。

屠格涅夫伸手搜索自己所有的口袋，没有钱包，没有表，也没有一块手帕……随身什么东西也没有带。

屠格涅夫茫然无措，紧紧地握住了乞丐那只肮脏、战栗的手，说道："请原谅，兄弟，我什么也没带。"

这时，乞丐的眼睛却闪动了一下，另一只手紧紧地握住了屠格涅夫："哪儿的话，兄弟！你给了我最好的施舍，谢谢了。"

在屠格涅夫的心目中，尊重是没有等级、没有贵贱、

知识万花筒

敬人者，人恒敬之：意为"尊敬别人的人，别人也经常尊敬他"。选自《孟子·离娄章句下》："君子以仁存心，以礼存心。仁者爱人，有礼者敬人。爱人者，人恒爱之；敬人者，人恒敬之。"

没有差别的，所以他才会毫不犹豫地抓住乞丐的手，称他为"兄弟"。

换言之，如果遇上乞丐的不是屠格涅夫，而是我们，我们会这么做吗？

其实，不管贫富贵贱，每个人都有自己的尊严，我们不要只顾及自己的感受，更要懂得去尊重他人，这样才能帮助他人拥有自尊和自信，才能让自己的心灵更加感到坦然，并换来对方的尊重。

一位商人看到一个衣衫褴褛的铅笔推销员，顿生怜悯之情，便不假思索地将 10 元钱塞到卖铅笔人的手中，就匆匆地赶路了。

走了没几步，他忽然想到了什么，又走了回来，从推销员手中取了几支铅笔，并抱歉说是自己忘了，还郑重地说："我们都是商人。"

一年之后，在一个商贾云集的场合，一位西装革履、风度翩翩的推销商走到这位商人面前，感激地自我介绍说："您可能早已忘记我了，但我永远不会忘记您，是您重新给了我自尊和自信。"

可见，尊重不仅是一种修养和风格，也是一种对人不卑不亢、不俯不仰的态度，更是让人重拾信心的良药，其作用远远大于金钱。

如果我们时时处处都以高贵者自居，完全不去尊重他人，对方就会感到自尊心受到了伤害而拒绝与我们交往。

相反，不论是街边的乞丐还是百万富翁，不论是平民小百姓还是政界大人物，如果我们都能以平等的姿态与其交往，就能使自己的人格散发出无穷的魅力，就能博取对方的好感，从而真正赢得对方的尊重。

正因此，普希金曾经发出这样的感叹："尊重别人吧，你会使别人快乐百倍，也能使别人的痛苦减半。"

正因此，古往今来，凡是能成就大事的人，无一不是特别懂得尊重别人的人。

唐太宗李世民如果不是尊重人才，善于纳谏，不可能有"贞观之治"的盛世。

三国时期的刘备，倘若不"三顾茅庐"，如何能得到旷世之才诸葛亮的辅佐，而在群雄并起之时成就大业？

而法兰西皇帝拿破仑也正是因为尊重他的士兵，并宣称"每个士兵的背囊

中都有一根元帅的棒"，才拥有了一大批对他忠贞不渝的勇士，从而成就了自己辉煌的帝国梦！

这就是尊重的力量！

然而，时至今日，我们忽视了尊重的相互性，常常喜欢以自我为中心，总认为自己受别人的尊重是理所当然；总是傲慢地蔑视旁人的友好，以为多是虚情假意；总会叛逆地做着自认为很有个性的事，以示自己独特、另类；总以拒人千里之外的态度漠然地对待别人的劝告……

因此，无论外出或归家，他们从不记得与父母长辈打声招呼；

上课时，他们毫不介意地东张西望、窃窃私语、乱搞小动作；

在公共场合时，他们旁若无人地随地吐痰、乱扔废弃物；

和同学交往时，他们总会"喂喂……"不停，或胡乱给他人起绰号，并喜欢揭别人的伤疤；

和朋友交谈时，因为观点不同，他们或是不耐烦地打断对方的谈话，或是与别人争论不休、针锋相对，甚至恶语相加、人身攻击；

当看见沿街乞讨的落难者或辛劳奔波的民工时，他们往往会嗤之以鼻、不屑一顾、避之不及……

如此行为，不仅会严重伤害他人的自尊，使对方永远生活在失落、茫然和绝望中，还会使他人丧失活下去的勇气。著名画家凡·高不就是因为生前作品得不到别人的尊重和赏识，郁郁寡欢而死吗？同时，这种行为

人物博览馆

普希金：俄国著名的文学家、伟大的诗人，被誉为"俄国文学之父""俄国诗歌的太阳"。代表作品有《叶甫根尼·奥涅金》《鲍里斯·戈都诺夫》《黑桃皇后》等。

拿破仑：法国军事家、政治家，法兰西第一帝国及"百日王朝"的皇帝。法国在他的统治期间，曾经占领过西欧和中欧的广大领土，创造了一系列军事奇迹。

也将为自身完美品格的塑造设下障碍，严重影响良好人际关系的形成，使自己在学习、生活、工作的道路上处处碰壁，最终不会有什么大的成就。

因此，无论我们有多么出众，也无论我们自认为有多么尊贵，都没有理由以"一览众山小"的骄傲目光去审视别人，也没有资格用不屑一顾的神情去嘲笑别人。尤其是对弱者和失败者，更要尊重他们的人格、权利和劳动成果。

尊重必须是相互的，而且更表现在对待别人这一方面。我们只有尊重别人，才能获得被人尊重的自豪感，才能塑造自己完美的道德品质，才能使自己处处都有好人缘，才能使自己的人生更加完美！

成长金点子

学会尊重的小方法：

1.要给人留面子，不要当众指出对方的错误。

2.尊重他人意见。当别人和自己的意见不同时，应允许对方表达自己的思想、观点以及看法，而不要把自己的意见强加给对方。

3.尊重他人隐私。我们应对他人的隐私给予尊重，过分"关心"他人的隐私，不仅是不道德的，还有可能让你失去难得的友谊。

4.尊重所有的人。不但要尊重我们身边的熟人，而且还要尊重我们不认识的人。

小任务

自我审视一下，你有没有做到尊重生活中遇到的每一个人呢？如果没有，你觉得自己以后应该怎样改进呢？

年　月　日

第15天／学会宽容

马克·吐温说："我知道的烦恼事很多，但大多数始终没有发生，因为我把它们化解了。"是的，这时，只有以广阔的胸襟包容一切、用博大的宽容化解一切才是解决问题的最好途径。

一战中，青年海明威加入美国红十字会战地服务队，到了意大利战场。

在一次突围战中，为了照顾受伤的战友安德森，他和主力部队失散了。他们饥饿难忍，仅剩下一点鹿肉了。

这天傍晚，两人在森林中艰难跋涉，只听一声枪响，走在前面的海明威肩膀上中了一枪。后面的安德森惶恐地跑了过来，他害怕得语无伦次，抱着海明威的身体泪流不止，并把自己的衬衣撕下来包扎战友的伤口。

他们都以为他们熬不过这一关了。幸运的是，第二天，他们得救了。

30年后，海明威说："我当时就知道是谁开的枪，当他抱住我时，我碰到了他发热的枪管。那些鹿肉对谁都很重要……那一天，他跪下来，请求我原谅他，我没让他说下去。我们又做了几十年的朋友。"

人物博览馆

马克·吐温：原名萨缪尔·兰亨·克莱门，是美国的幽默大师、小说家，也是著名演说家，19世纪后期美国现实主义文学的杰出代表。代表作品有《百万英镑》《哈克贝利费恩历险记》《汤姆·索亚历险记》等。

虽然人们都知道宽容是人生的一种豁达，是一个人有涵养的重要表现。但不可否认，真正能做到宽容，做到容忍他人的固执己见、自以为是、傲慢无礼、狂妄无知的人并不多，至于能容忍对自己进行恶意诽谤和造成致命伤害的人就更为少见了。

海明威以德报怨，不计前嫌，是个真正懂得宽容、仁慈的人，他用行动诠释了雨果的名言："世界上最广阔的是海洋，比海洋更广阔的是天空，比天空更广阔的是人的胸怀。"

有位老禅师，一天晚上在禅院里散步，看见墙角边有一张椅子，他一看便知有位出家人违反寺规越墙出去了。

老禅师也不声张，走到墙边，移开椅子，就地而蹲。少顷，果真有一小和尚翻墙，黑暗中踩着老禅师的脊背跳进了院子。当他双脚着地时，才发觉刚才踏的不是椅子，而是自己的师傅。小和尚顿时惊慌失措，张口结舌。

但出乎小和尚意料的是，师傅并没有厉声责备他，只是语调温和地说："夜深天凉了，快去多穿一件衣裳。"

其实，世界本来就是这样，阳光比寒风更有力量，无声比有声更让人震撼，温言细语比厉声呵斥更能让人顺从，这是因为它们都包含了宽容。

虽然宽容是看不见、摸不着的，但我们每个人却都能感觉到它，甚至能揣摩和想象得出它的模样——

宽容就是耶稣面对出卖他的犹大时的博大，既包容了人世间的一切喜怒哀乐，又使人的灵魂得到洗涤和升华；

宽容就是蔺相如"以先国家之急而后私仇"的豁达，化冲突为友好，化干戈为玉帛，并使友情得到升华；

宽容就是孙中山先生放过了曾想置他于死地的邓廷铿时的涵养，彰显出巨大的人格魅力，并产生强大的凝聚力和感染力；

……

可见，宽容是"君子以厚德载物"的高贵品质，更是我们这个社会未来的

力量——青少年所必须锻造的一种品格！

今天的我们大多是独生子女，年轻气盛，率直武断，总是习惯于高高在上，对别人发号施令，并多少都存在一些"得理不饶人""小心眼""嫉妒心强"的毛病，自然就不能领会宽容的真谛，更不懂得以宽容之心去善待别人。

于是，当同学不经意间冲撞了我们，就会恶语相讥、挥拳相向；当友人因为不满而向我们大发雷霆时，也是以牙还牙、反目成仇；当听到父母苦口婆心的说教时，便想赌气地拂袖而去；当面对老师的良言相劝时，更会置若罔闻、无动于衷。

这样做的结果，不仅会让我们失去宝贵的同窗之谊、难得的朋友之情，也会在不经意间辜负老师的期望，深深地伤害到父母的爱子之心，更会影响自身健全人格的形成和发展。

屠格涅夫曾经这样告诫过我们："不会宽容别人的人，是不配受到别人的宽容的。"

因此，你必须要在自己的心田里种下宽容的种子，让它长出善解人意的叶子，开出至美的花朵，结出真诚的果实，用一泓清泉浇灭哀怨嫉妒之火，使自己得到一种宁静和恬淡的心境，用宏大气量去感受相逢一笑泯恩仇的快乐，让自己的人格折射出高尚的光彩，吸纳他人长处，从而使自己真正成为同龄人中的出类拔萃者、老师心目中永远的骄傲、父母眼中展翅高飞的苍鹰！

当然，有些人在宽容的问题上会存在一些误解，比如，他们片面地以为宽容就意味着软弱，这很不利于自

人物博览馆

雨果：法国19世纪浪漫主义作家，被称为"法兰西的莎士比亚"。代表作品有《巴黎圣母院》《悲惨世界》《九三年》《海上劳工》等。

蔺相如：战国时期著名的政治家、外交家，赵国上卿。他的事迹大都记载在《史记·廉颇蔺相如列传》中。

身个性的发展，会使自己变得畏首畏尾，也会纵容对方滋长"嚣张"气焰。

事实上，宽容绝不是纵容，不是无原则的宽大无边，而是建立在自信、助人和有益于社会基础上的适度宽大，必须遵循"大事讲原则，小事讲风格"的态度。

宽容也不是软弱的象征，而是能以博大的胸怀理解、宽恕别人，是有肚量、有能力的表现，那种有软弱之嫌的宽容根本称不上真正的宽容。

待到你的勇敢战胜了一个个困难、你的慎重一再避免了失误、你的真情融化了别人心头的坚冰、你的灵活使自己化险为夷、你的让步给双方带来了广阔的天地、你的赞美得到了公众一致认可时，你就会更坚强、更有力量，别人也就会更信任、更理解你！

到那时，世界会因你的宽容而变得更加美好！

成长金点子

宽容的小方法：

1.宽容别人，首先要学会宽容自己。当你遇到挫折的时候，自己要保持良好的心态，要有战胜困难的信心和勇气。

2.宽容别人的缺点和无心过失。缺点每个人都会有，所以我们要学会换位思考，明白别人的处境。

3.对不同的观点、行为要予以理解和尊重，不能咄咄逼人，更不能把自己的观点和行为强加给别人，要尊重他人的自由选择。

小任务

生活中，你的朋友或同学有没有做过对不起你的事？你是怎么处理的？体会一下宽容待人的意义。

年　月　日

第16天／诚实是最正确的选择

诚实是一种源远流长、亘古不变的美德。它的表现是忠诚老实、信奉真理、不讲假话，反对投机取巧、趋炎附势、吹拍奉迎、见风使舵、弄虚作假、口是心非。只有做到这些，我们的心灵才能宁静安详，才能问心无愧。

唐纳德·道格拉斯是享誉全球的道格拉斯飞机公司的创始人。他在事业初创时，十分希望实力雄厚的东方航空公司能购买他制造的喷气式飞机。

当他前去拜访东方航空公司总裁雷肯巴克时，雷肯巴克告诉他："你的飞机很好，只是有一个缺点——噪音太大。假如你能保证降低噪音，就能取得我的订购合约。"

这笔生意对道格拉斯而言相当重要，于是，他马上回去和工程师们研究讨论。然而，他再次去见雷肯巴克时却说："老实说，我不能确保把噪音降低。"

雷肯巴克说："我知道不能。我只想看你敢不敢对我诚实。"接着，这位总裁郑重告诉道格拉斯："你现在已经得到了1.65亿美元的订单。

"老实说，我不能确保把噪音降低。"这句话听起来轻松，但却是道格拉斯鼓足了勇气才说出来的。

人物博览馆

唐纳德·道格拉斯：全名唐纳德·维尔斯·道格拉斯，道格拉斯飞行器公司的创办人。1920年，道格拉斯在美国加利福尼亚州创办工厂，开始制造第一架飞机。1936年，他研制出了后来被称为第一架现代客机的DC-3飞机，该飞机系列的C-47军用飞机在第二次世界大战中发挥了重要作用。

这笔生意关系着他的产品能否销售出去，他的公司能否建立，他个人的事业能否开始，他在商场上能否立足，可以说关系着未来一切的一切……

尽管此时，这种诚实的抉择所需要的仅仅是勇气，可实话实说有时真的不是那么容易。不过庆幸的是，道格拉斯还是勇敢地说了实话，他宁肯从此在商场上销声匿迹，也不愿背上欺世盗名的骂名。

诚实总会带来好报。它也确实为道格拉斯赢得了别人的信赖和他生命中至关重要的订单，凭着这次机遇，他才得以把自己的事业推向成功。

试想，如果当初道格拉斯没有勇气承认他不能降低飞机引擎的噪音，欺骗了雷肯巴克，那他人生的第一桶金，不就随着谎言被戳穿而泡汤了吗？

如此说来，诚实不仅是一种勇气，更是一种面临机遇时的抉择。不具备诚实品质的人，就等于亲手选择了虚假，葬送了机遇。

前美国总统亚伯拉罕·林肯小时候当过小店职员。有一次，因为多收了一位顾客一分硬币，他不惜徒步走了5公里，把多收的硬币送还到这个顾客的手中。

他这种诚实的行为使顾客很受感动，受到了顾客的高度赞赏。多年后，当上总统的林肯也正是以这种诚实的品格赢得了许多美国人民的信赖。

今天，随着时代的发展、社会的前进，对诚实的呼唤也比以往更加的强烈，这固然是因为人们认识的进步，但更多的是迫于无奈而可怕的现实——有些人为了获得利润、得到金钱，发明了各种各样的骗局，甚至连小孩子都对欺骗和谎言见怪不怪，习以为常了：

有些小学生写作文，为了增加文章的可信度，大量引用名人名言，在找不到的情况下，甚至自己来编造"名人名言"；

有些中学生为了逃课出去玩儿，就编造谎言欺骗老师，为了得到更多的零花钱，就欺骗家长，为了满足自己一点点的小利益，就欺骗同学；

有些大学生考试作弊已经成为家常便饭，作弊现象日益严重，作弊队伍不断"壮大"；

……

在我们纯净的校园中尚且如此，社会上的不诚实现象更是数不胜数。假货充斥，谎言盛行，骗人的把戏屡见不鲜，这些既扰乱了市场秩序，又降低了全民道德水平，更违背了做人的基本准则。

看来，如今的诚实问题已经成为社会热点问题，诚信的缺失极其严重，学会诚实，已经成为我们走上社会前所需要恶补的功课了。

不过，不诚实的人也是不一样的，做事各自有着不同的原因、目的和理由：

有的人是因为社会经验少，曾经受过骗，对社会、对他人已经不敢也不愿意相信，因此欺骗说谎成了他自我保护的工具。

有的人是为了达到自己的目标，得到自己想得到的利益，而不惜一切、不择手段地对别人进行欺诈，因此欺骗说谎成了他获取利益的一种手段。

还有人说诚实其实就是老实，这年头老实已经不是优点了，谁再诚实谁就是傻，是呆，是笨，是没能耐，是没本事！

诚实真的是傻吗？

不，诚实其实是另一种智慧，一种只能用心灵去感悟的智慧。当然，这个世界上弄虚作假的存在是客观事实，诚实的人也要懂得善于识破骗子的花招和假话。

所有的理由都是自身不能坚守高尚品质的托词，从根本上说，这些人并没有把诚实这一品质当成一种宝贵的财富来珍惜，一旦遇到"适宜"的条件，撒谎也觉得心安理得。

正是由于那些不诚实的人的存在，整个社会大环境才变得多了几分污浊，少了几许清澈，人与人之间的关系才更加缺少应有的坦诚和信任。

诚然，要做到完全的诚实确实不是很容易。有时，它也需要一些付出，甚至是生命的代价。

但无论如何，与诸多外在的财富相比，诚实这一高贵的品质，依然能够带给我们巨大的益处。它是一个人最重要的道德品质，是一个人立足社会的基础，也是社会发展的基石。

诚实是青少年一生当中最值得珍惜的财富，而且是一项与生俱来的财富，我们需要做的仅仅是坚守这一品质，尽可能地做到不为一己之利而采取虚伪的手段伤害他人。

当我们做到这一点的时候，不论你获得的物质财富如何，至少我们拥有的精神财富是一般人所不可比拟的——智慧、勇气、机遇，都源于我们对诚实无悔的选择！

成长金点子

诚实做人的小方法：

1. 首先要求自己"不说谎话""借东西要还""不私自拿别人的东西"，这些都是一个诚实的人最基本的行为准则。

2. 其次是"不隐瞒错误""不要不懂装懂"。

3. 最后还要记住，说话要算数，要守信用。"君子一言，驷马难追""一言九鼎""一诺千金"才是大丈夫的行径。

小任务

你曾经撒过谎吗？带来的结果是什么？不妨问问你的父母，请教一下他们对撒谎与诚实的看法。

第17天／志向是人生的指南针

诸葛亮说：“志之所趋，无远勿届，穷山复海不能限也；志之所向，无坚不摧，锐兵精甲不能御也。”

不难想象，人生没有明确的志向，就犹如在重雾迷茫的大海上航行，尽管历经艰辛，却在原地绕圈、劳而无功，甚至还会有触礁的可能。

1907年的端午节，在茅以升的家乡南京市，举行了一场热闹非常的龙舟比赛。

刚刚年满11岁的茅以升，早就热切地盼望这一天的到来。

但是不巧得很，就在端午节的前一天晚上，他突然病了，不得不躺倒在床上。

谁知小伙伴们却慌慌张张地跑回来说：“看赛龙舟的人太多，把文德桥压塌了，很多人掉到了河里，哭声一片。”

茅以升直愣愣地望着天花板，脑中闪现出文德桥下的惨景。他用颤抖的声音发誓说：“我长大了一定要学习造桥，为咱们老百姓造结结实实、永不倒塌的桥！”

“好孩子，有志气！”父亲赞许地拍拍儿子的肩膀。

人物博览馆

茅以升：土木工程学家、桥梁专家、工程教育家。1933年，他主持设计并组织修建了钱塘江公路铁路两用大桥，成为中国铁路桥梁史上的一个里程碑。新中国成立后，他从事教育事业，为我国的桥梁建设事业作出了突出的贡献。

从此，茅以升幼小的头脑便被"桥"这个字眼牢牢占据了，他发奋读书，刻苦学习，最终成为我国最有名的桥梁建筑师。

立志，就会有动力，就能为实现目标而艰苦奋斗。正是"要为咱们老百姓造结结实实、永不倒塌的桥"这一伟大的目标，使茅以升有动力去奋斗，去追求和实现自己的理想。

我们的青少年也应该从小树立人生的远大目标和志向，并为之坚持不懈、奋斗不已，这样的人生才会有动力，我们才会有踏出下一步的勇气，才能走向更加辉煌的明天。

志向是人生的指南针，能为我们拨开层层迷雾，找到幸福的真谛。所以，自古以来，人们都将"立志"作为人生的起点。

先秦时期的著作《吕氏春秋》中指出："凡举人之本，太上以志，其次以事，其次以功。"意思是说，选拔人才要以"志"为根本，其次才是"以事""以功"。

北宋的教育家张载说："有志于学者，都不论气之美恶，只看志如何？匹夫不可夺志也，唯患学者不能坚勇。"又说："人若志趣不远，心不在焉，虽学无成。"

明末清初的教育家王夫之说："志立则学思从之，故才日益而聪明盛，成乎富有；志之笃，则气从其志，以不倦而日新。"

他们的这些论述不仅表明了我国历代教育家对"立志"的重视，也说明了立志是一个人在学习、工作、生活中取得成功的前提。

正如法国著名微生物学家巴斯德·路易斯所说："立志，工作，成功，是人类活动的三大要素。立志是事业大门，工作是登堂入室的旅程，这旅程的尽头就有成功在等待着，来庆祝你努力的结果。"

所以，对于渴望"成才"的青少年来说，我们必须在人生的道路上树起一个明确的目标、一个伟大的志向，这样的人生才不会偏离正确的航线和方向，这样的人生才有意义！

也许有些青少年会感觉自己是"迷茫"的一代——对于人生，对于未来，对于幸福——不清楚自己究竟想要的到底是什么，怎样才算满足。

比如，有时候，我们会对自己充满信心，一定要挣很多的钱，要做成功的人；有时候，却又在困惑与迷茫中思考着人生的意义、生活的目的，认为人生应该追求幸福和快乐，过一种轻松的、惬意的生活。

其实，我们之所以对生活和未来感到迷茫，不清楚自己想要的到底是什么，就是因为我们的人生缺少明确的目标和志向。

如果一个人没有志向，则"无往不是苟且，无往不是偷惰，无往不是散漫"，既成就不了什么事业，也体验不到人生的真趣。

就像蛰伏于岁月表皮的一条寄生虫，循着生物的代谢规律，无知无觉地沉入最终的酣眠；

就像断了翅膀的鸟儿，想飞也飞不高，前途将是一片迷茫；

就像没有根的浮萍，只能是随波逐流，无所作为而终其一生。

所以，青少年要想摆脱这种迷茫、空虚、彷徨而又碌碌无为的生活，要想真正实现自己的人生价值，就应该试着拨开重重的迷雾，为自己的人生树立一个奋斗的目标，并为之勇往直前、勤奋不辍。

俗话说："有志不在年高，无志空长百年。"悠悠历史长河中，许许多多的名人正是从小就选择了远大的志向，再加上勤奋不辍、刻苦磨砺，方成大器的。

毛泽东十五六岁就"身无分文，心忧天下"，立志让祖国"富强、独立起来"；

周恩来早在南开大学附中读书时即种下"为中华之

人物博览馆

张载：北宋哲学家，理学创始人之一。他是程颢、程颐的表叔，理学支脉——关学的创始人，与周敦颐、邵雍、程颐、程颢合称"北宋五子"。代表作品有《崇文集》《正蒙》《横渠易说》《张子语录》等。

王夫之：明末清初思想家，中国朴素唯物主义思想的集大成者。他一生主张经世致用的思想，坚决反对程朱理学。王夫之著述颇丰，代表作有《读通鉴论》《宋论》。

崛起而读书"的理想火种；

16岁的李四光，借用孙中山"努力向学，蔚为国用"的话语作为自己的理想和奋斗目标，并终生铭记；

……

且不说为国为民，即便只是为了自己的人生，我们也该早早立志。毕竟站在同一条起跑线上的人，早起步和目标明确的人，胜算更大一些。

因此，我们的青少年不要总是为自己的消极和懒惰寻求借口，更不要总在充满幻想和憧憬的岁月里，去羡慕别人的辉煌和成功，而应该放下一切顾虑和包袱，尽早为自己的人生寻求一个正确的坐标。

只有这样，我们才能真正找到自己的位置，生命才会焕发出迷人的光彩，人生才会变得充实而宝贵，才不会使自己输在人生的起跑线上，才能品尝到理想浆果的甘甜与清香！

成长金点子

确立宏伟目标的小方法：

1.要根据社会经济、科技发展的需要与自己的主观条件确定自己的奋斗目标。

2.志向既定，便须放下一切顾虑，勇往直前，切忌朝令夕改。

3.要学会超越各种障碍，挣脱功利的羁绊，努力付出自己的汗水和劳动。

小任务

你确立了人生的志向吗？你的志向是什么？把你的志向告诉父母，听听他们的意见。

第18天／分段实现大目标

假如你有很强的上进心，但现在让你在一个月内把自己的学习成绩从最后一名提高到前10名，你会感到很为难。可是，如果你先把成绩从不及格提高到及格，再由及格提高到70分或80分，那么，期末考试时，你就能成为班里的"优等生"。

因此，可以说，目标的实现不是一蹴而成的，它是由一个个并不起眼的小目标的实现堆砌起来的。

1984年，在东京国际马拉松邀请赛中，名不见经传的日本选手山田本一出人意料地夺得了世界冠军。

两年后，在意大利国际马拉松邀请赛上，山田本一又获得了冠军，很多人为此质疑。

当记者采访他时，他告诉了众人这样一个成功的秘诀：

"我刚开始参加比赛时，总是把我的目标定在40多公里外终点线上的那面旗帜上，结果我跑到十几公里时就疲惫不堪了，我被前面那段遥远的路程给吓倒了。

"后来，我改变了做法。每次比赛之前，我都要乘车把比赛的路线仔细地看一遍，并把沿线比较醒目的标志画下来，比如，第一个标志是银行，第二个标志是一

知识万花筒

马拉松：国际上非常普及的长跑比赛项目，全程为42.195公里。马拉松比赛分全程马拉松、半程马拉松和四分马拉松三种，而一般提及马拉松，即指全程马拉松。

棵大树，第三个标志是一座红房子……这样一直画到赛程的终点。

"比赛开始后，我就以百米的速度奋力向第一个目标冲去，等到达一个目标后，我又以同样的速度向第二个目标冲去。40多公里的赛程，被我分解成这么几个小目标后就轻松地跑完了。"

在人生的旅途中，我们往往会因为自己的志向太过遥远，长时间没有实现它而气馁，甚至会觉得目标离得太远而停止了继续前进的步伐。

山田本一则为我们提供了一个实现远大目标的好方法，那就是把一个远大的志向分解为一个又一个易于达到的小目标，然后再一步步地走下去，这样就会逐渐靠近自己的目的地。

就像飞越海洋的鸿鹄，以海中的一个个小岛为目标，到达一个小岛歇一歇，调整一下自己的体力，补充一些能量，然后以更好的状态向更高远的方向继续前进。

约翰·拉布尔上中学时曾是游泳好手。跟所有的年轻游泳好手一样，他梦寐以求有朝一日能够参加奥运会，与世界一流的游泳健儿争个高低。

1984年夏天，他一边观看电视转播的奥运会比赛实况，一边盘算自己如何才能成为奥运选手。

他想：自己必须在四年内将成绩缩短四秒，这样才有资格参赛。

他算了一下，每年训练 10 个月，每日将成绩缩短 1/10 秒，4 年后，就能够参加 1988 年的奥运会了。

功夫不负有心人，经过四年的艰苦训练，他的梦想果然变成了现实。

可见，无论我们的梦想有多么遥远，也无论我们的志向有多么远大，都不要因此而担心，只要能把大目标分成许多合理的小目标，一个一个地完成，就能使人生少些懊悔和惋惜，就能逐渐填平小目标与大志向之间的鸿沟，从而胜利到达理想的彼岸。

不可否认，每个人都有自己的目标和志向。尤其是作为想象力十分丰富的青少年，我们更会时常憧憬着美好的未来，规划着考上名牌大学，成就一番惊天动地的事业，或梦想着自己将来成为某某家。

然而，随着时间的推移，有很多青少年在实现远大志向的过程中选择了半途而废，其原因并不是实现志向的难度较大，而是因为远大志向的实现需要经过痛苦的磨炼和漫长的等待，这样一来，当自己在奋力前进的时候，还没等到达目标的一半或者说三分之一，就已经精疲力竭了，甚至会在心理上产生无形的压力，从而使自己变得缺乏斗志而停滞不前。

但如果我们懂得把自己遥远的目标和远大的志向，分解为多个易于达到的小目标，然后集中精力逐一实现它们，那么，就能使倦怠症离我们远去，就能使自己变得更加坚强和信心十足，就能使人生充满进取的乐趣，就能使自己在不知不觉中接近成功。

比如，你有作家的资质，现在让你在一天内写出一

知识万花筒

奥运会：全称奥林匹克运动会，是国际奥林匹克委员会主办的包含多种体育运动项目的国际性运动会，每 4 年举行一次。奥林匹克运动会最早起源于古希腊，因举办地在奥林匹亚而得名。1896 年 4 月 6 日至 4 月 15 日，希腊雅典举办了第一届现代奥运会。2008 年，第 29 届奥运会在北京成功举办，这是中国第一次举办奥运会。

部百万字的长篇小说，你肯定做不到。但是，如果你每天写1000字，坚持3年，就可以完成一部百万巨作。

比如，你想成为一名运动员，现在让你一口气做100个俯卧撑，你恐怕会摇摇头。但是，如果你从现在开始，先做一个俯卧撑，以后每天抽出一点时间来做，一天次数增加一个，你也许用不了多长时间，就能顺顺当当地完成100个俯卧撑。

我们不能好高骛远，更不能一口气承担下能力所不及的事，在选择好人生的奋斗目标——你最终想要到达的地方后，就要设计好自己第一站要到达什么地方，用多少时间；第二站要到达什么地方，用多少时间……

这样设计好自己的短程路线后，只需"按图索骥"，一步一步向终点前进，终有一天我们就能到达幸福的终点站，得到自己想要的东西。

成长金点子

分段实现大目标的小方法：

1. 制订能激励和提升自己的长期目标，这会让我们对手头的学习或工作任务充满激情。

2. 制订在未来3到5年内要实现的中期目标。

3. 制订在未来的6个月或两年时间内要达到的短期目标。

4. 把每个短期目标分解成更小的近期目标，直到任务表上所列出的每个目标都能在30分钟或1小时内完成，这样你就已经找到了对付拖延症的强大武器。

5. 在完成预定的小目标后，要记得给自己及时鼓励，这样做起事来才会有劲儿。

小任务

想一下，你现在学习的最终目标是什么？那么你短期的目标是什么？为自己实现最终目标制订一个计划吧。

第19天／该低头时就低头

人生前进的道路不可能总是笔直的，当需要走弯路时，就应当选择适当的弯路，以便更好地接近和达到目标。

被称为"美国人之父"的富兰克林，年轻时曾去拜访一位德高望重的老前辈。年轻气盛的他，挺胸抬头迈着大步，一进门，头就狠狠地撞在了门框上，疼得他一边不住地用手揉搓，一边看着比身子矮去一大截的门。

出来迎接他的前辈看到他这副样子，笑笑说："很痛吧！可是，这将是你今天访问我的最大收获。一个人要想平安无事地活在世上，就必须时刻记住该低头时就低头。这也是我要教你的事情。"

富兰克林把这次拜访得到的教导看成是一生最大的收获，并把它列为一生的生活准则之一。后来，他功勋卓越，成为一代伟人。他在一次谈话中说："这一启发帮了我的大忙。"

人总是会犯错误的，当犯了错误时，就要低头认错，以后才能少犯错误，乃至不犯错误；

人总是会失败的，当失败时，如果能承认失败，并总结失败的教训，那么，失败将会成为成功之母。

人物博览馆

富兰克林：全名本杰明·富兰克林。18世纪美国最伟大的科学家和发明家，著名的政治家、外交家、哲学家、文学家和航海家，同时，他还是美国独立战争的伟大领袖，参与了《独立宣言》的起草工作。为了对电进行探索，他曾做过著名的吸引雷电的"风筝实验"。此外，他还最早提出了避雷针的设想。

对"该低头时就低头"，你是否体会到了更多的含义呢？

第一层含义：为人处世要谦虚。

《三字经》上说："满招损，谦受益。"意思是说，骄傲招来损失，谦虚得到益处。谦虚是中华民族的传统美德之一，是使人不断进步、获得成功的一个重要的内在因素。

谦虚的人总是既看到自己的优点和长处，又看到自己的缺点和短处；既看到已取得的成绩，又懂得不论成绩有多大，对于伟大的事业来说，只不过起到了一砖一瓦的作用。

当人们称颂科学家牛顿的光辉成就时，他却认为自己好像是一个在海边玩耍的孩子，只不过捡到了几片贝壳而已。谦虚的人总是努力不懈、积极进取、锐意奋进的。

谦虚的人还善于发现别人的优点和长处，会随时向别人请教，并懂得尊重别人，有事和大家商量。

所以，谦虚的人能够主动地取别人之长，补自己之短，不断地从集体和群众中汲取养料，充实自己，为自己的进步和成功创造良好的条件。

如果我们不懂得谦虚，就会自高自大、盲目自满，就会脱离群众、固步自封，堵塞住进步的道路。

第二层含义：要学会忍耐，能忍人之所不能忍。

能在各种困境中忍受屈辱是一种能力，而能在忍受屈辱中负重拼搏更是一种本领。小不忍则乱大谋，凡成就大业者莫不如此。

春秋时期，越王勾践被吴王夫差降伏，勾践佯装称臣吴国，为吴王夫差养马，并鞍前马后地侍候吴王，终于获得了吴王的信任，被放回国。而后，他为了洗雪耻辱、报仇雪恨，卧薪尝胆，经过十多年的艰苦磨炼，终于一举灭吴。

三国时期的诸葛亮出祁山时，驻扎五丈原，向司马懿送去一套女人服装，并递信说："你如果不敢出战，便应恭敬地跪拜接受投降，如果你羞耻之心还没有泯灭，还有点男子气概，便立即应战。"但司马懿却忍受侮辱，坚守不

战。不久，诸葛亮因积劳成疾而死，司马懿没伤一兵一将，不战而胜。

只有能忍人之所不能忍，才能为人之所不能为！

第三层含义：面对压力和困难，要会弯曲、有弹性。

加拿大的魁北克有一条南北走向的山谷。它的西坡长满松、柏、女贞等树，而东坡只有雪松。一直没有人知道这是为什么，最后揭开这一奇异景观之谜的，是一对夫妇。

那年的冬天，这对夫妇来到这个山谷的时候，下起了大雪。他们支起帐篷，望着满天飞舞的大雪，发现由于特殊的风向，东坡的雪总比西坡的雪来得大、来得密。不一会儿，雪松上就落了厚厚的一层雪。

不过，当雪积到一定的程度时，雪松那富有弹性的枝丫就会向下弯曲，直到雪从枝上滑落。这样反复地积，反复地弯，反复地落，雪松完好无损。

帐篷中的妻子对丈夫说："东坡肯定也长过杂树，只是不会弯曲才被大雪摧毁的。"

丈夫点头称是，说："我们揭开了一个谜——对于外界的压力要尽可能地去承受，在承受不了的时候，学会弯曲一下，像雪松一样让一步，这样就不会被压垮。"

确实，弯曲不是倒下和毁灭，它是人生的一门艺术。

人的一生，便如这山坡上的雪松，不可能事事如意、样样顺心，生活的路上总有许多的沟沟坎坎。你的奋斗、你的付出，也许没有得到预期的回报；我们的理想、我们的目标，也许离实现的这一天还很遥远。如果抱着一份怀才不遇之心愤愤不平，抱着一腔委屈怨天尤人，难免会让自己心灵扭曲、心力交瘁……这时，我们不如承认现实，该低头时就低头，忍一时风平浪静。

任何人生活在凡尘俗世，难免与人磕磕碰碰，难免被别人误会猜疑；自己的一念之差、一时失言，也许会被一些别有用心的人加以放大和责难；自己的认真、真诚，也许会被朋友、同学或同事误解和中伤。

如果我们非要以牙还牙拼个你死我活，非得为自己辩驳澄清，论个是非分明，最终则会导致两败俱伤……

与其这样，真的还不如该低头时就低头，退一步海阔天空。这样既给别人余地，也给自己留条后路，不失为绝佳的处世态度。这也是"该低头时就低头"的智慧所在！

成长金点子

谦虚、忍让的小方法：

1.在学习、生活中，不要骄傲自大，遇到比自己强的人，要懂得虚心请教。

2.在受到别人的侮辱时，不要动辄愤怒，要有则改之，无则加勉。当然，如果遇到别人毫无理由的侮辱时，则应义正词严，确保自己的尊严不受侵犯。

3.我们应当尽力承受生活、工作中的压力，以锻炼意志、增强适应能力。

小任务

懂得谦虚、忍让是一个人成熟的表现，你认为自己在这方面做得怎么样？打算以后怎么改进呢？

第20天／用自强不息去实现理想

很多有成就的人都不是一帆风顺的，他们都经过了困难的洗礼、危险的考验，即便到了万劫不复的境地，他们还是懂得：逆境并不可怕，困难不是永远，若是逃避就永远也不能摆脱，但若平静地接受和适应，逆境将不再是逆境，最终一切都将朝着光明的方向改变。

苏联火箭之父齐奥尔科夫斯基 10 岁时，染上了猩红热，持续几天的高烧，引起了严重的并发症，使他几乎完全丧失了听觉，成了半聋。

然而，他默默地承受了其他孩子的讥笑和无法继续上学的痛苦，在父亲的帮助下自学了物理、化学、微积分、解析几何等课程。

16 岁那年，他只身去到了莫斯科。在那里，他读了大量数学、物理学、化学、机械学以及天文学方面的书籍。他一面读书一面搞设计，并在一所学校做教员以维持生活。

就这样，一个耳聋的人，一个从未进过中学和高等学府的人，由于始终如一的勤奋自学、自强不息，终于成了一个学识渊博的科学家，为火箭技术和星际航行技

人物博览馆

齐奥尔科夫斯基：苏联科学家，现代航天学和火箭理论的奠基人。他最先论证了利用火箭进行星际交通、制造人造地球卫星和近地轨道站的可能性，指出发展宇航和制造火箭的合理途径，找到了火箭和液体发动机结构的一系列重要工程技术解决方案。他被誉为"俄罗斯航天之父"。

术的发展奠定了理论基础。

"天行健，君子以自强不息。"

齐奥尔科夫斯基的人生之路正是体现了这种自强不息的精神。其实，古今中外的历史上又有哪一位伟人、哪一位成功者不是顺着自强之路走过来的呢？自强正是历史上所有成功者的共同特点。

唐人李咸用有诗云："眼前多少难甘事，自古男儿当自强。"

正是自强，才有了孔子"发愤忘食，乐以忘忧"的刚毅，才有了孟子平治天下、舍我其谁的豪迈，才有了司马迁含垢忍辱"发奋著书"的坚忍，才有了曹操"老骥伏枥，志在千里"的雄心，才有了岳飞"从头收拾旧山河"的激情……

在几千年的历史长河中，自强精神已经逐渐演化并深深熔铸于中华民族的灵魂之中，成为了激励每个有志青少年的民族精神。

多少学子们为追求真理、实现理想而悬梁刺股、苦苦探求？多少英雄豪杰

们为抵御外辱、保卫国家而不惜抛头颅、洒热血？多少仁人志士为百姓利益、人民幸福而孜孜追求、奋斗不已？

他们为了民族的壮大，为了国家的昌盛，首先从自我做起，立志、学习、奋斗，进而形成一股强大的力量，使伟大的中华民族生生不息、巍然屹立，使灿烂的中华文明延续至今。

自强，是一种贯穿和连接每个个体与全民族息息相关的一种精神，是让每个青少年的理想变成现实、实现自身价值的力量源泉。

《诗经》有云："自求多福。"一个人，哪怕是天纵奇才，如若自暴自弃也终不能成就大事业。自强，是人生前进的推动力，是我们每个青少年必须具备的一种精神力量。

若要做到自强不息，我们首先要建立起坚忍不拔的信念。

有人说："如果你怀疑自己是否能完成某件事情，那你真的就不能完成。"我们必须首先相信自己的能力，然后才能顽强地、不折不扣地坚持到底。

一个美国的黑人孤儿心中有很深的自卑感。一次，他对牧师说："我想当医生，可我是一个黑人，黑人是被人看不起的，我只是奴隶的后代。"

牧师马上说："你这样想是不对的，黑人也有很优秀的地方。连你在内，所有美国黑人的血统都来自非洲，你们应该以你们的血统为荣，因为你们是在非洲所有的子孙中能生存下来的人。弱者在未离开非洲之前，就死

人物博览馆

司马迁：汉代史学家、文学家，被后人尊称为"史圣"。他创作了中国第一部纪传体通史——《史记》。《史记》记载了从黄帝时期，到汉武帝元狩元年（公元前122年），长达3000多年的历史，被鲁迅誉为"史家之绝唱，无韵之《离骚》"。

知识万花筒

《诗经》：是中国最早的诗歌总集，收入自西周初年至春秋中叶大约500多年间的诗歌305篇。先秦称为《诗》，或取其整数称《诗三百》，西汉时被尊为儒家经典，始称《诗经》。《诗经》分为《风》《雅》《颂》三部分，全面地展示了中国周代时期的社会生活，真实地反映了中国奴隶社会从兴盛到衰败时期的历史面貌。

在森林里或船上了，留下能够生存的你们，有知识，有才能，又有丰富的情感，这些都是生存的条件，所以在美国的黑人和其他种族一样强壮和优秀，这种优秀的血统会一直延续下去的。"

从此，每当遇到困难的时候，他都想起牧师的话，并以此来激励自己不断奋斗。此后不论受过多少苦，经历多少磨难，他从未再想到放弃理想。后来，他通过自己的努力和智慧取得了医学博士学位，成为了一位非常优秀的医生。

其实，每个人都可以因自信而自强，因自强而实现自己的志向和理想。生活中，当遭遇挫折、陷入困境时，总有些青少年容易感叹世事不公，或者抱怨，或者等待。

然而，也总有那么一些人不会被境遇打垮，即使在最困难的时刻，他们都能相信自己、鼓励自己，并积极乐观地准备、寻求解决问题的方法，迎接命运的挑战。

最后，这些相信自己的人总能靠着自强不息的精神让希望之火重新燃起。是金子总是要发光的。相信自己，奋斗不止，我们每个人都将会发出夺目的光彩！

其次，若要做到自强不息，就要抛弃依赖的个性，走向自主自立。

为了训练小狮子的自强自立，母狮故意将小狮子推到深谷，让它在困境中求生。在残酷的现实面前，小狮子挣扎着一步一步从深谷中走了出来，它也逐渐体会到了"不依靠别人，凭自己的力量前进"的含义，从此它成熟了。

我们也要学会勇敢地驾驭自己的命运，不要依赖他人。因为能够充分发展自己潜能的，永远都不靠外援，而是靠自助；永远都不依赖，而是自立！

第三，若要做到自强不息，就要学会接受、适应并努力改变逆境。

20岁时不幸身染重病导致下肢瘫痪的史铁生，痛苦思索，探寻出路，经过长时间的努力，从一个初中毕业生最终成为著名的作家；

体操赛场上不幸受伤以致瘫痪的桑兰，勇敢地面对自身的不幸，一直微笑着面对人生的痛苦，通过自强不息的努力，成了凤凰卫视著名的节目主持人……

很多有成就的人都不是一帆风顺的，他们都经过了困难的洗礼、危险的考验，

即便到了万劫不复的境地，他们还是懂得逆境并不可怕。困难不是永远，若是逃避就永远也不能摆脱，但若平静地接受和适应，逆境将不再是逆境。

这就是扭转人生、颠覆命运的秘诀——自强不息。我们青少年也要向他们学习这种坚持的决心和毅力，这将使我们无往不胜。

第四，若要做到自强不息，还要把奋斗和超越作为每时每刻的事情。

在逆境中，我们不能屈服，在顺境中，我们更不应该停下脚步。我们青少年应该"百尺竿头，更进一步"，时刻准备超越别人，更应该超越自己。

文坛泰斗巴金，20世纪30年代已是著名作家，到80年代仍然笔耕不辍，终于完成"一部说真话的大书"——《随想录》。

无数成功者的新目标、新追求都向我们昭示：成绩只能证明过去，绝不能躺在已经取得的成绩上沾沾自喜、不思进取。

自强不息，是泱泱中华文明的精髓所在，是我们青少年一定要继承与发扬的民族精神；

自强不息，是驱动我们未来人生昂扬向上的力量源泉，更是巍巍中华绵延万代、永远屹立的精神支柱！

我们应该把自强不息当作自己的座右铭！

人物博览馆

巴金：四川成都人，祖籍浙江嘉兴。原名李尧棠，现代文学家、出版家、翻译家，"五四"新文化运动以来最有影响的作家之一，20世纪中国杰出的文学大师，中国当代文坛的巨匠。主要作品有《死去的太阳》《新生》《砂丁》《萌芽》、"激流三部曲"《家》《春》《秋》、"爱情的三部曲"《雾》《雨》《电》和散文集《随想录》等。其中《家》是其代表作，也是我国现代文学史上最卓越的作品之一。

史铁生：中国电影编剧、著名小说家。代表作品有散文《我与地坛》、长篇小说《务虚笔记》《昼信基督夜信佛》等。

成长金点子

自强不息的小方法：

1.做到生活自理是迈向自强自立的第一步。青少年可以从最基本的衣、食、住、行几个方面来锻炼自己的自理能力。

2.每当面对生活学习中的"障碍"和"困难"时，暗示自己不要求助于别人，而是鼓励自己去独立思考、解决。一旦通过自己的努力，克服了困难，我们就能体会到自强奋进的快乐和成就感。

3.不要总想着父母的成绩与能力，如果总是躲在父母的保护伞下，就永远都学不会独立，更谈不上自强。

小任务

你还知道哪些关于自强不息的故事？讲给你的朋友听，并一起探讨你们从这些故事中领悟到的意义。

第21天／健康的身体是人生之本

"体者为知识之载而为道德之寓者也"，身体素质包括心理素质、文化素质、道德素质等一系列素质，健康的身体使这些素质在个人成才的过程中尽情地发挥着作用。

因此，拥有一副健康的身体是人生的第一财富，我们青少年更有必要爱惜自己的身体，使自己拥有茁壮成长的基石和拼搏明天的资本。

1896年9月，14岁的富兰克林·罗斯福进入美国著名的格罗顿公学。

这个学校非常重视体育，对学生的评价，关键是体育本领而不是学习成绩。其创办人和第一任校长恩迪科特·皮博迪博士认为，一个合格的学生应该是合格的运动家，应该有运动健将的拼搏精神和豪爽的风度。

罗斯福当时身体瘦弱，虽然身高5英尺3英寸，体重却只有100磅，其体力难以支持他打当时盛行的橄榄球、篮球和划船。

可罗斯福在格罗顿学校期间仍然以钢铁般的意志锻炼身体，春夏常常去游泳，也参加划船、垒球、足球、曲棍球、高尔夫球等运动，冬季则参加滑雪、坐雪橇滑

人物博览馆

富兰克林·罗斯福：美国历史上唯一蝉联四届的总统。他在任期内推行新政克服经济大萧条，带领美国在二战中取得胜利，被学者评为"美国历史上最伟大的三位总统之一"，与华盛顿和林肯齐名。

坡比赛。

渐渐地，他的身材开始变得健壮，为他以后日理万机的总统生涯打下了健康基础。

众所周知，罗斯福是美国历史上唯一连任四届总统的杰出领袖，还被公认为美国历史上身体最健康、意志最坚定的领导人，而这一切则要归功于他以钢铁般的意志锻炼自己身体的行为。

可以想象，一个整日吃着药的病恹恹的人，绝不可能在激烈竞争的社会中如鱼得水，也绝不可能成就什么惊天伟业！

1928 年，歌德在谈到天才与创造力的关系时这样说："身体对创造力至少有极大的影响。过去有过一个时期，在德国，人们常把天才想象为一个矮小瘦弱的驼子，但是我宁愿看到一个身体健壮的天才。"

他还以拿破仑为例，指出，倘若没有强健的身体，他就不可能从火焰似的叙利亚沙漠到莫斯科的大雪纷飞的战场，经受得住那么多行军、血战、困倦、饥寒的考验，而成为一个英雄人物。

是的，健康的身体，是你做任何事情的前提；健康的身体，是你直面困难的资本。

反之，羸弱的体质除了影响升学，对未来的工作和事业发展也将是一个巨大的障碍，严重的可能导致我们一事无成，乃至遗恨终生。

翻开历史的画卷，可以看到很多令人惋惜的现象：

挪威数学家阿贝尔 27 岁死于肺结核；

罗马尼亚音乐家波隆贝斯库 23 岁死于肺炎；

唐代著名诗人李贺 27 岁病逝……

可以设想，如果这些杰出人才能够具备一副强健的身体，那么，他们对人类的贡献将会更加巨大，他们的个人成就也将更加辉煌。

与此形成鲜明对照的，是一些身体健康、寿命较高、充分发挥了他们杰出才能的人。

列夫·托尔斯泰活了 82 岁，《战争与和平》《安娜卡列尼娜》《复活》等名著是其 36 岁之后的作品；

黑人著名作家杜波依斯 87 岁开始写作《黑色的火焰》并轰动世界；

法国女钢琴家格丽玛沃 104 岁再度登台演奏；

我国古代著名诗人陆游 85 岁辞世，60 多岁尚耳聪目明，一生写诗达万余首。

可见，健康的身体不仅是生活、学习和事业的基础和保障，同时也为人类的发展提供了一个重要的条件。

我们青少年不仅应从个人成才角度，还应从国家、社会和民族的发展高度来重视自己身体健康的价值，使自己真正成为德、智、体全面发展的合格人才。

正如著名教育家徐特立所说："一个人的身体，绝不是个人的，要把它看作是社会的宝贵财富。凡是有志为社会出力、为国家成大事的青年，一定要珍惜自己的身体健康。"

然而，在日益繁忙的现代社会中，很多青少年常常产生这样的错觉：时间是宝贵的，应该多花些时间在学习上、工作上、娱乐上，不能把时间花在动胳膊动腿上。只有这样，才能取得比较大的收获，才算是没有辜负大好青春。

这种"重文轻武"的想法，不仅导致了在随便一所大、中、小学校园里，都能见到一群群的"小胖子""小眼镜"，也使我国青少年的体质整体下滑。

每个青少年都不能光顾着学习和工作而"手无缚鸡之力"，必须树立"欲文明其精神，先自野蛮其体魄"

人物博览馆

陆游：南宋爱国诗人。代表作品有《剑南诗稿》《渭南文集》《南唐书》《老学庵笔记》等。

李贺：字长吉，世称李长吉、鬼才、诗鬼等，中唐时期浪漫主义诗人代表，与李白、李商隐并称唐代"三李"。他一生愁苦多病，仅做过 3 年从九品微官奉礼郎，27 岁便英年早逝。代表作品有《李凭箜篌引》《雁门太守行》《金铜仙人辞汉歌》《秋来》等。

的健康观念，培养自己良好的健身习惯，并掌握科学的锻炼手段，使自己挣脱瘦弱、疾病的羁绊，从而以茁壮、健康的身体，去孜孜不倦地攀登高峰，迎接未来风雨的挑战！

成长金点子

保持健康身体的小方法：

1.首先要根据自己的身体状况找到适合自己的运动方式，并把它当作自己一生的爱好。

2.无论每天的工作、学习有多么繁忙，都要记得抽出时间来锻炼身体。

3.保持良好的坐姿，养成经常远眺的习惯，经常做眼保健操。

4.合理安排自己的作息时间，避免长期熬夜，以保证充足的睡眠。

5.要懂得调节学习、工作上的压力，使自己长期保持精神愉悦、感觉良好的状态。

小任务

你经常锻炼身体吗？为自己制订一个锻炼身体的日程表，坚持执行下去吧。

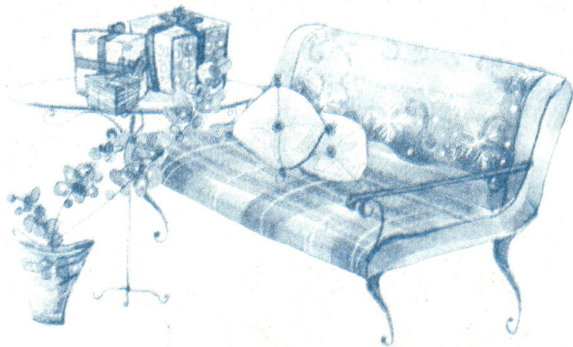

年　月　日

第22天／心理健康才快乐

亚伯拉罕·林肯是美国历史上的一个谜。

他出身贫贱、自学成才，却成为美国最受欢迎的总统之一；

他一生坎坷、饱受挫折，却不屈不挠地追求个人的政治抱负；

他长相丑陋，且不修边幅，却迷倒了千百万美国人。

是什么能使林肯坦然地面对人生中的磨难与坎坷？又是什么能使林肯在遭受重大的挫折和打击后，仍然能够成就美国的进步与发展？

事实上，这一切都源于林肯拥有健康的心理。

1874年，年轻的德国数学家康托尔向神秘的"无穷集合"宣战，并凭借勤奋的付出，成功地得出了许多惊人的结论。

他的创造性工作与传统的数学观念发生了尖锐冲突，遭到一些人的激烈反对、攻击甚至谩骂。有人说，他的集合论是一种"疾病"，他的概念是"雾中之雾"，甚至说他是"疯子"。来自数学权威们的巨大精神压力终于摧垮了康托尔，他心力交瘁，患了精神分裂症。

真金不怕火炼。在1897年举行的第一次国际数学

人物博览馆

格奥尔格·康托尔：德国数学家，生于俄国圣彼得堡（今俄罗斯列宁格勒）。他早期在数学方面的研究兴趣是数论，1870年开始研究三角级数，并由此导致19世纪末20世纪初最伟大的数学成就——集合论和超穷数理论的建立。

家会议上，康托尔的成就终于得到承认。伟大的数学家罗素称赞康托尔的工作"可能是这个时代所能夸耀的最巨大的工作"。

可此时，康托尔仍然神志恍惚，不能从人们的崇敬中得到安慰和喜悦。

1918 年 1 月 6 日，康托尔在一家精神病院去世。

康托尔没有被科学研究工作中的困难与问题吓倒，却因为缺乏一定的心理承受能力，被巨大的精神压力所摧垮，患了精神分裂症，不仅不能体会到成功的喜悦，还在疯狂和痛苦中死去。

如此悲剧，不禁令人扼腕！

试想，假如他拥有良好而过硬的心理素质，又怎会因为不堪负荷别人的反对、攻击、谩骂而失去自己原本冷静缜密的思考和无比宝贵的生命呢？

可见，健康的心理对我们的人生是极其重要的。

那么，什么是健康的心理呢？

正如身体健康并不仅仅是指没有疾病一样，心理健康也不仅仅是指没有心理问题或没有心理疾病。

请你在脑海里想象两组图像：

一边是一个心理健康的人，他们总是朝气蓬勃、乐观向上，面对人生的挑战满怀信心，并且满腔热情地对待自己的工作，尽可能地发挥自己全部的潜能；

另一边是心理不够健康的人，他们的心理障碍扭曲了他们对现实世界的感受，以致产生消极的人生观，成天无精打采，身体每况愈下。

从这两幅图景，你便可体会到心理健康是什么——

它就像春天泥土里的种子，无论生活怎样平凡与苦闷，总能给人希望，给人遐想；

它就像大海中航船上的罗盘，无论人生的旅途要遭遇多大风浪，也总能给人指明前进的方向，引导人生走向成功的彼岸。

我们也要像珍惜自己的身体健康一样去培养自己健康的心理素质，使自己以身心俱健的姿态，去迎接外界的任何挑战！

正如卡耐基所言："一切的成就，一切的财富，都始于健康的心理。"

只有拥有健康的心理，他才会有面对一切挑战和战胜一切困难的勇气；

我们也应该建立、保持一个健康的心理状态，以使自己真正成为身心俱健的人，勇于接受人生的挑战，跨越生命中的障碍，迎向人生的高峰。

然而，伴随着现代生活节奏的加快和个体生理、心理上的急剧变化，我们在心理上不可避免地会产生一些错综复杂的问题，比如，学业上的沉重压力、考试前后的紧张焦虑、对人际交往的恐惧、在价值取向上的困惑和迷茫等。这些情况不仅会使我们出现焦虑不安、强迫症、抑郁症等心理上的问题，严重影响着我们的健康成长，甚至还有可能导致我们理智的天平严重倾斜，从而干出不可思议的蠢事来。

2003 年 7 月 15 日，往日欢唱的北大"小鸽子"从该校 5 号楼 9 层跳下，在空中划出一道忧郁的弧线。随着她落地时的一声巨响，青春被永远定格在灿烂的 21 岁！

清华大学的刘海洋，为了验证"笨狗熊"的说法能否成立，竟然在 2005 年 1 月 29 日和 2 月 23 日先后两次把掺有火碱、硫酸的饮料，倒在了北京动物园饲养的狗熊身上和嘴里，造成 3 只黑熊、1 只马熊和 1 只棕熊受到不同程度的严重伤害。

……

这一幕幕因心理不健康所引发的惨剧令人痛心不已。风华正茂的少年，正处于人生的春天，正是信念拔

人物博览馆

罗素：英国哲学家、数学家、逻辑学家、历史学家。他与怀特海合著的《数学原理》对逻辑学、数学、集合论、语言学和分析哲学都产生了巨大影响。1950年，罗素凭借作品《婚姻与道德》获得诺贝尔文学奖。

卡耐基：美国现代"成人教育之父"，被誉为 20 世纪最伟大的心灵导师和成功学大师。他在 1936 年出版的著作《人性的弱点》，直到今天仍被西方世界视为社交技巧的圣经之一。

节、理想抽穗的季节，为什么要让不健康的心理给我们美好的人生、壮丽的事业画上休止符？为什么让不健康的心理给我们的家庭和社会带来遗憾和痛楚？

其实，我们的健康成长有两个方向，就像一个坐标系，纵坐标的核心是健康的身体，横坐标的核心则是各种能力的培养和健康的心理。只有两者相互作用，才能共同构成青少年健康成长的指数。

所以，我们应该意识到，在人生公平的竞技场上，每一步都充满着惊心动魄的较量和心理冲突，我们只有用健康的心理优势去接受人生的挑战，用日渐成熟的双肩担负起时代的使命，才能使自己拥有搏击人生的资本，才能使困难和磨炼变成生活的调料、人生的游乐场，才能谱写出人生壮丽的篇章！

成长金点子

保持心理健康的小方法：

1.在学习和工作中发展自己的才智和能力，取得理想的成就；合理安排学习和工作，从中获得满足感，增强生活的意义。

2.能对自己有较正确的评价，并在认识自己的前提下，制订切实可行的奋斗目标，为之努力。

3.经常保持欢乐的情绪，坦然接受不如意的事情，善于从挫折中寻找出路，适度地开放自我，表达自己的情感。

4.主动扩大人际交往，并在交往中保持积极、正面的态度，减少或消除负面的态度。

小任务

你做过心理健康测试吗？你的心理在哪些方面比较薄弱？对症下药，找到适合自己的保持心理健康的方法。

第23天／让生命在平衡中保持健康

养生之道学说各异，有人说"生命在于运动"，有人说"生命在于静养"，也有人说"生命在于平衡"。这些说法各有道理，但比较而言，似乎"生命在于平衡"的说法更有说服力。

全国政协委员、著名电影艺术家谢添，生前崇信"六字"养生真言：心宽、营养、运动。已80多岁高龄时，他依然面庞清癯、腰板硬朗。

他说："六字中'心宽'最重要，凡事要想得开，经常保持乐观开朗的心态。80多年的生命历程，挫折说不清，不痛快的事数不完，我总是一笑了之。"

说起"营养"，谢添强调，"营养不是大鱼大肉，而是不偏食。我吃得很杂，尤其注意多吃新鲜蔬菜、水果和各种杂粮。"

"运动"是谢添的爱好。他是一位球类运动爱好者，篮球、足球、乒乓球无所不练。后来他又选择了游泳，无论冬夏他都坚持游泳。

谢老坚持按照此"六字"真言生活，直至90岁喜丧，平静走完一生。

人物博览馆

谢添：中国著名演员、导演。作为演员，谢添被称为"银幕上的千面人"，也被誉为影视界"四大名丑"之一；而作为导演，他更是被誉为"中国的卓别林"。他的演员代表作是《林家铺子》，导演代表作有《水上春秋》《洪湖赤卫队》《甜蜜的事业》《丹心谱》《茶馆》等。

虽然匈牙利诗人裴多菲宁愿用生命和爱情来换取自由的精神，一直为世人所赞颂，不过世人自己大多还是很珍惜生命、热爱生命。这是人的天性，也是人类得以生存和发展的基础。

珍爱生命，自然会不满于人生的短暂，要推迟死亡的到来，为延寿、为健康而与自然抗争，这就自然而然地出现了各种养生学说。

我们虽然不像老年人那样正面临着这个问题，但是英国学者培根说得好："人在身强力壮的青少年时代所养成的不良嗜好，将来到了晚年是要一并结算总账的。"

所以尽管我们感受不到那种生命即逝的紧迫感，却也应该为延长生命做好准备，从现在就养成一些一生受用的养生好习惯。

四川秀山土家族老寿星王忠义，被人誉为"童颜鹤龄不老松"。他1884年生于世代长寿之家，曾祖父活到102岁，祖父和父亲分别在112岁、106岁谢世。

这个长寿世家的长寿秘籍就是："练体质三更起舞，环境美山水宜人；食油腻三分足矣，戒烟酒益寿三分；宰相肚三分仁义，喜事临只乐三成；艰难险阻进三尺，笑口常开三分春！"

这其中蕴藏的奥秘即为：凡事适度、适量，养生之道在于平衡。

那么，这种平衡究竟体现在哪些方面呢？

其一，饮食有节制——保持营养平衡。

民以食为天，吃乃人生的一大要事，一向为人们注重，我们还处在身体发育的阶段，当然更是不能忽视。但吃也有吃的规矩、吃的方法。吃什么？怎么吃？这其中大有学问。

现在我们这一群体中，"小胖子""豆芽菜"越来越多，健康已经是个大问题。有的因营养过剩而导致小小年纪就患上肥胖症、糖尿病以及心脑血管疾病；有的因挑食偏食而导致营养不良、身材瘦小、面有菜色、低糖贫血等情况。……

多数情况下，这些都是吃得不均衡造成的。

富兰克林说:"只有节制食欲才能高寿。"

罗曼·罗兰也说:"对于营养过分好的人,肉体反而会打击他们。"

因此,饮食一定要有节制,合理搭配,才能保证摄取的营养均衡,才可延缓衰老的到来。

其二,运动有规律——保持动静平衡。

现代人运动不足是一种通病,即使在我们这个好动的年龄的人群中也很普遍:

有的人喜欢看书,不分白天黑夜地在书海中畅游,虽然学识增长了,性情陶冶了,可是视力下降了、四肢迟钝了、身体消瘦了;

还有的人痴迷于电脑游戏,在电脑前一动不动能坐几天几夜,长此以往,身体所受的伤害是不言而喻的。电脑前猝死的事故近年我们也常听说。

《黄帝内经》上说:"久卧伤气""久坐伤肉"……故生命离不开运动,没有运动的生命不仅不能长寿,而且很容易导致抑郁症、亚健康等各种"现代文明病"的发生。

当然,如果走向另一极端,超负荷地过量运动,也会使生理功能失调而致病。因此,如果我们酷爱运动的话也要注意,运动必须适度,不要因运动过度而伤害了自己。

要保持健康,必须做到身心有张有弛、劳逸结合、动静平衡。

其三,悲喜要适度——保持心态平衡。

健康的身体与健康的精神好像一辆车子的两个

轮子，缺一不可。"心"病最伤人，开朗、从容、乐观、温和，是心理健康的重要标志。

中医学认为，喜、怒、忧、思、悲、恐、惊为人之"七情"，其中任何一情太过，都于健康不利。但话又说回来，如果总是喜怒哀乐"不形于色"，过分自我压抑，对健康的损害更大。因此，既要学会控制自己的情绪，避免大喜大悲，又要懂得如何宣泄自己的不良情绪，获得心理平衡。

儒家的中庸之道是一种智者哲学，无过无不及，在两个极端中求得统一与中和。而"生命在于平衡"的养生之道正是蕴含着这一哲学的人生大智慧！

我们应该从现在起就养成平衡的习惯，使人生少一些烦恼，多一些宁静；少一些苦闷，多一些快乐；少一些孤独，多一些坦然；并能更加珍惜生命，热爱生活，从而发掘生命的潜能，追求更加美好的人生！

成长金点子

日常生活保持平衡的小方法：

1. 饮食上要注意多样化，不必过分忌口，更不可挑食。

2. 荤素搭配，粗细结合，饥饱适当，才可实现营养结构平衡，满足人体的各种需求。

3. 按时吃饭，按时休息，生活起居有规律。

4. 选择合适的运动项目进行科学锻炼，切忌超负荷运动。

5. 工作学习要适度，一定要保证睡眠，但也不能过于散漫。

小任务

你有没有挑食的习惯？找出你不爱吃的东西，研究一下它们在营养结构中的重要性。尝试着接受那些你平常不爱吃的食物。

第24天／运动是生命的源泉

歌德说，"生命在于矛盾，在于运动。"这句话一度曾被所有的人接受，但是后来又有人提出质疑：乌龟几乎不运动，寿命却那样长，成为长寿的象征；而一些运动员经常进行激烈甚至超量运动，结果浑身伤病，寿命也不长。

那么，运动究竟是有益还是有害呢？

"文明其精神，野蛮其体魄"，这是伟人毛泽东经常引用的一句名言。毛泽东从学生时代开始就非常重视锻炼身体，一辈子坚持锻炼身体。

毛泽东在12岁的时候曾经得了一场大病，开始体会到身体的重要，后来在湖南第一师范学习时，他特别重视锻炼身体，经常参加各种体育锻炼。

毛泽东在和美国著名记者埃德加·斯诺的谈话中有这样一段：

我们也热衷于锻炼身体。在寒假里，我们徒步爬山越野，绕城涉水。如果下雨，我们就脱去衬衣，称为雨浴；烈日炎炎时，我们也脱去衬衣，称为日光浴；在春风里，我们大嚷大叫，称之为一项新运动项目——"风浴"；寒霜降临时，我们露宿野外，甚至在11月份到冰

人物博览馆

埃德加·斯诺：美国新闻记者、作家。1936年6月，他访问陕甘宁边区，写了大量通讯报道，成为第一个采访红区的西方记者。代表作品《西行漫记》。

冷的江中游泳，所进行的这些活动都美其名曰"锻炼身体"。

要激发出生命的活力，生活得更激情，更神采飞扬，就要进行运动。合理的、适当的、有规律的运动可以给人带来很多好处——

第一，规律性体育运动可使人全面提高机体技能，强身健体。

我们正在成长阶段，适当的体育运动可以促进身体的发育，增强心脏与肺的功能，还能消耗脂肪、保持合理体重，并拥有一个健美的身材。

此外，这个时期也是我们骨骼发育的主要时期，合理的运动可以使我们的关节更为灵活，并防止骨质疏松。

培根说："肉体上各种的病患都有适当的运动能治疗。"

从身体的角度讲，运动确实为我们带来了大大小小数不清的好处，它可以全面提高我们的机体机能，延缓器官老化；增强心脏、血管、神经、消化、肌肉、骨骼等系统功能，最终达到强身健体之功效。

第二，规律性体育运动可以让人头脑更加清醒，思维更加敏捷。

人们总用"四肢发达，头脑简单"来形容一些人身体强壮头脑却不灵活的情况，也常常认为搞体育运动的人脑子都不够聪明。

其实这是一种偏见，我们应该为体育运动"平反"。因为体育运动对头脑的发育也有着很大的作用。至于某些人头脑不灵，那是他个人不勤于思考的缘故。

以身体的运动来带动呼吸系统功能的运动，使呼吸系统功能得到很好的改善和提高，而运动过程中所产生的"调息"作用，主要是为了使激烈的身体运动不断地得到新鲜氧气的供给，同时不断排除体内的二氧化碳，这就保证了大脑所消耗的能量能得到及时的补充。

运动锻炼可以改善大脑的供血状况，对消除脑力疲劳，促进头脑清醒起到重要作用。因此，罗兰说："运动的好处除了强身之外，更是使一个人精神保持清新的最佳途径"。

第三，规律性体育运动可以让人去除忧虑、焕发精神。

为什么有的人心情烦闷时就去跑步、打球，甚至打沙袋练拳击呢？难道他们

有自虐倾向吗？恰恰相反，这正是善待自己的一种方式。

体育运动可以改善情绪，它能为郁结的消极情绪提供一个发泄口。心情郁闷时去运动一下能有效改善坏心情，尤其遭受挫折后产生的冲动能被升华或转移。

运动可谓是烦恼的最佳"解毒剂"了。试想，有谁能在做激烈运动的时候，还对刚才发生的不快之事耿耿于怀呢？

一个人身体越健康、心情越愉快，抵抗疾病和工作、家庭压力的能力就越强。那么，不管在怎样的烦恼和压力下，都去"动一动"吧，它一定会让你重振精神的！

第四，规律性体育运动可以促进人的行为协调、反应适度。

行为协调是指人的行为是一贯的、统一的；反应适度指既不异常敏感，也不异常迟钝，刺激的强度与反应的强度之间有着相对稳定的关系。

体育运动大多在规则的要求下进行，每位参加运动的成员都会受到规则约束，因此体育运动对培养我们良好的行为有着重要和积极的作用。

第五，规律性体育运动可以使人正确认识自我。

这么说一点都不夸张，因为大多数的运动都包含着一种竞技的特性。当我们在运动中表现良好时，就增强了自信、提高了自尊，并使自己的社会价值被认可。

另外，体育运动也能暴露我们自身的优点与缺点，从而让我们不断修正自己的认识和行为，发挥潜能与长处，克服缺点、改正不足。

第六，体育运动能培养和磨砺人的意志。

知识万花筒

骨质疏松：一种由多种原因引起的骨病。是骨组织有正常的钙化，钙盐与基质呈正常比例，以单位体积内骨组织量减少为特点的代谢性骨病变。在多数骨质疏松中，骨组织的减少主要由于骨质吸收增多所致。临床表现为：疼痛、伸长缩短、骨折、呼吸功能下降等症状。

人物博览馆

培根：英国唯物主义哲学家、思想家和科学家，被马克思称为"英国唯物主义和整个现代实验科学的真正始祖"。他提出的唯物主义经验论的基本原则，对近代哲学的发展有很大影响。代表作品有《新工具》《学术的进步》《亨利七世本纪》等。

艰苦、激烈、竞争是体育运动的特点，人在参加体育运动时总会伴随着强烈的情绪体验和明显的意志努力。因此，它有助于培养人勇敢顽强、坚持不懈的作风。

另外，规律性体育运动还有许多好处，如它能培养我们团结友爱的集体主义精神，提高我们的集体协作配合能力，培养我们机智灵活、沉着果断的品质，使我们保持积极向上的心态，甚至锻炼我们的组织、领导、协调能力……

这才是"生命在于运动""运动是一切生命的源泉"的真正意义。在运动中，我们会真正感受到生命的活力，感受到人生的激情，并使我们具备各种促进发展的能力，从而拥有更加完美、更高质量的人生！

成长金点子

进行有规律运动的小方法：

1.选择自己喜爱的、适合自己年龄和体力的、方便定时做的运动项目来进行有规律的运动。

2.抓住大块时间中的小缝隙来做一些简单运动。比如，上下学提前一站下车，爬楼梯代替乘电梯，课间时玩一玩跳绳、踢毽、跳舞等游戏。

3.关键在于，要认识到运动的目的是磨炼意志，提高合作、竞争能力。

小任务

日常生活中，尝试着上下学提前一站下车、爬楼梯代替乘电梯、玩耍时选择跳绳与踢毽子，多进行一些有规律的运动，让你的身体更健康。

第25天／美丽人生在心灵

人的外貌美会随岁月的流逝而变化，从小到老，从丰满到憔悴，是无法改变的自然规律。而一个人的心灵美却是最持久、最有力量、最为人们所追求的一种更高的美。

所以，我们要学会欣赏心灵美。

1770 年，贝多芬出生于德国波恩一个贫寒的家庭。比贫穷更不幸的是，他一出生就长着和身材极不相称的大脑袋，又长又扁的鼻子，脸上还有许多麻子。

面对这"狮子般的容貌"，小贝多芬"自己都想哭"，父亲更是对他嗤之以鼻。

但贝多芬的母亲却非常慈祥可亲，为了温暖儿子备受伤害的心，她把郁郁寡欢的贝多芬叫到她的房里，问："孩子，你觉得委屈吗？"

"是的，母亲！"

母亲疼爱地亲吻着他的脸庞，说："我可怜的孩子，上帝是不会忘记眷顾你的，因为他知道：你的美在于你的内心，在于你能感受到自己的尊严……你会找到自己的幸福的。"

从此，贝多芬不再为自己的外表而自卑，他以自己

知识万花筒

波恩：一座德国历史古城，位于莱茵河中游两岸，地理位置重要，是历史上的战略要地。1949 年到 1990 年期间，波恩是联邦德国（西德）首都。波恩还是一座著名的文化城市，建于 1786 年的波恩大学，是欧洲最古老的高等学府之一，马克思和著名诗人海涅都曾在这里学习过。

的整个生命和热情从事音乐创作，并成为了最伟大的音乐家。

贝多芬的《田园交响曲》《第九交响乐》《命运交响曲》等作品，以饱满的激情、强劲的音符、美丽的旋律，使多少人陶醉、多少人兴奋，就连列宁也曾对高尔基说："我不知道有什么比《热情奏鸣曲》更美好的东西。"时至今日，人们总是把贝多芬的名字和美联系在一起，而忘记了贝多芬并不英俊的长相。

贝多芬之所以能够给人以不寻常的美感，正是因为有梦想的甘露洗礼，有追求的风雨涤荡，他的心灵才得以美化，他的人生也随之变得光彩夺目。

我们每一个人只有把心灵之美看得比形体之美更珍贵，才能使生命充满活力，才能使美放射出真正的光辉，像傲霜凌雪的腊梅，于冰天雪地中开出俏丽的花朵。

然而，我们也不得不看到，有极少数青少年盲目地认为美丽的外表就是竞争力，就是资本。他们或一味地追求奇装异服、穿金戴银，打扮得珠光宝气，好像演员要登场演出；或者自认为长得不漂亮又不懂得穿衣打扮，从而陷入了深深的自卑之中，甚至不顾家人朋友的反对，冒险去做整容手术。

诚然，姣好的容貌、修长的体形、漂亮的服饰能给人以美感。可即使是一个外表很美的人，当我们发现他的灵魂其实十分龌龊时，也只能感叹"金玉其外，败絮其中"，而他带给我们的这种美感也会像昙花一样，骤然消逝——

《巴黎圣母院》中的皇家侍卫队长弗比斯·德·沙多倍尔，头戴头盔、手握宝剑、外表高大、相貌堂堂、英俊潇洒，美不美？仅凭这副外表，他看上去是个十足的美男子，但是他花天酒地、玩弄女性、谄上欺下，再华丽的外表也无法掩盖他丑恶的灵魂。

对于这样的人，我们不但不会产生美感，反而会因其心灵的肮脏而厌恶那看似美丽的外表。相反，如果一个人没有动人的外表，可我们一旦发现他具有美丽的心灵，并且行为又很高尚可敬的话，就会渐渐忘记他的丑陋，甚至觉得他整个人都变得漂亮起来。

据《东周列国志》记载，齐国有个钟离春，是个到40岁还嫁不出去的"丑八怪"。可正是她，当齐王宠幸佞臣、无视国事、高筑渐台、一心享乐的时候，以非凡的胆略，自诣齐王陈说国家的弊端，使得齐王拆渐台、罢女乐、退谄谀、进直言、选兵马、实府库，致齐国大治。最后，齐宣王立钟离春为王后。她用自己的才能拯救了一个国家，彪炳千古，还会有谁在意她外表的丑陋呢？

"你以为因为贫穷、矮小、不美，我就没有灵魂，没有心了吗？"论外表，简·爱称不上美丽，但她却以无以伦比的魅力征服了无数的读者，正是她那内在的心灵美在熠熠闪光的缘故。

人物博览馆

简·爱：19世纪英国著名的女作家夏洛蒂·勃朗特的代表作《简·爱》中的女主人公。简·爱从小就是孤儿，她一生中经历各种磨难，但从未屈服，坚持追求自由与尊严，坚持自我，最终赢得了幸福。

亚·尼·奥斯特洛夫斯基：俄国戏剧之父。他创造了俄罗斯的"生活喜剧"。代表作品有《穷新娘》《贫非罪》《肥缺》和《大雷雨》等。

19世纪俄国剧作家亚·尼·奥斯特洛夫斯基说得好："人的美并不在于外貌、衣服和发式，而在于他的本身，在于他的心。要是没有内心的美，我们常常会厌恶他漂亮的外表。"

是的，如果我们已有了美丽的外表，又有了美妙的心灵，自然会使人更觉得风度好、仪表好；如果我们的外表不够理想，而思想、品质、情操是好的，这也将使我们产生一种魅力，放出耀眼的光彩。

相反，如果一个人有众口交赞的外貌，而没有由内而外散发出的精神内涵，那么就会成为一个没有灵魂的躯壳，徒有其表！

所以，对于青少年而言，也许我们没有大海的壮阔，但我们可以拥有小溪的优雅；也许我们没有白杨的伟岸，但我们可以拥有小草的飘逸；也许我们没有美丽的外表，但只要我们能够时常给心灵美容，给生命化妆，也就实现了终生美丽的梦想，也就拥有了大美的人生！

成长金点子

获得美好心灵的小方法：

1.我们应该在内心拥有一套美的尺度：天生丽质者，不必目空一切、唯我独尊或孤芳自赏，长相平庸者，也不必自轻自贱、灰心丧气。

2.通过不懈的努力去获得知识和智慧，是使自己拥有美丽心灵的根本途径。

3.行为举止要彬彬有礼、以礼待人，绝不能高傲自大、粗暴蛮横，从而达到外在美和内在美的和谐统一。

小任务

外表漂亮的你，是否也希望拥有美丽的心灵呢？好好学习吧，努力获取知识与智慧就能为你拥有美丽的心灵创造先决条件。

第26天／乐观让人生充满阳光

德国学者威尔科克斯说："当生活像一首歌那样轻快流畅时，笑颜常开乃平常易事；而在一切事都不妙时仍能保持微笑的人，才活得更有价值。"

"一切事都不妙时仍能保持微笑"，这是什么精神？

这就是乐观主义精神！

拿破仑在一次与敌军作战时，遭遇顽强的抵抗，队伍损失惨重，形势非常危险。拿破仑也因一时不慎掉入泥潭中，被弄得满身泥巴、狼狈不堪。

可此时的拿破仑内心只有一个信念——无论如何也要打赢这场战斗。他对自己所处的危险和尴尬境地浑然不顾，依然冲在最前面并大吼着："冲啊！"

他手下的士兵见到他那副滑稽模样，忍不住都哈哈大笑起来，但同时也被拿破仑的乐观自信所鼓舞。一时间，战士们群情激昂、奋勇当先，最终取得了战斗的最后胜利。

乐观不仅能让人活得有价值，更能造就卓绝。《悲惨世界》里的冉·阿让和《简·爱》中的罗切斯特无疑是两个具有魅力的人物，然而，如果他们身上没有了

知识万花筒

《悲惨世界》：由法国大作家维克多·雨果于1862年发表的一部长篇小说，是19世纪最著名的小说之一。小说跨越了拿破仑战争和其后的十几年时间。故事的主线围绕主人公——获释罪犯冉·阿让试图赎罪的历程，涉及法国的历史、建筑、政治、道德哲学、法律、正义、宗教信仰等方方面面。

那种顽强乐观的精神，他们的魅力还能剩下多少呢？

从平庸的人那里，很容易找到阴郁的影子；从卓绝的人那里，却不难发现乐观的精神。正是这一道理把成功者与普通人明显地区分开来。

无论在任何危急的困境中，都保持乐观积极的心态，这一道在许多的伟大人物身上都有着明显的表现：

而罗纳德·里根更是一位有名的乐天派人物，以至于媒体总是喜欢用sunny（有阳光的、明朗的）这个词来形容他。有一则有关一匹小马的故事就是从里根总统那里流传开的：

一位父亲有一对双胞胎儿子，二人个性南辕北辙，一个乐观，一个悲观，父亲将这两个孩子带去看心理医生，希望能医好他们的病。

心理医生将过分悲观的小孩带到一个装满了玩具的房间，让他尽情地玩耍。可是，悲观的小孩虽然满手玩具，仍然哭红了眼睛。他说："我怕有人偷走这些玩具，我怕把它们玩坏了……"

心理医生又把过分乐观的小孩送进一个堆有马粪的房间，以为他能忧愁一些，可是却看到小男孩很兴奋地坐在马粪堆上，一边拼命地往下挖，一边快乐地说："There must be a pony in here somewhere！"（这里一定有匹小马！）

这就是乐观，更是一种对生活的强烈的热爱，对人生幸福执着的追求！

充满乐观精神的人，不论在怎样艰难困苦的环境中，或家庭、自身遭遇到什么不幸时，都不会动摇退却，他总能看到瓦砾中的宝石、乌云后的阳光，因而总能满怀信心地迎着困难而上，百折不挠地继续前进。

乐观，是人们对人生和前途充满信心的一种精神面貌，是成功者都具备的一种品质，更是我们必须具有的一种生活态度。

然而，我们当中的某些人却缺少它，他们总是很容易被生活中的困难吓退前进的脚步，总是被眼前的挫折蒙蔽双眼，总是把自己囚禁在一片愁云密布的城堡中哀怨悲切——

有的学生因一次考试失利便一蹶不振，几个星期乃至整个学期都无法恢复，

甚至从此跌入学习的低谷，停滞不前；

有的人在一次活动中没有表现好，就令情绪低落，感到没有面子，甚至失去了信心，从此再也不愿意尝试此类活动；

而有的人刚刚见识到别人的优秀之后，自己还没有去尝试，便已不抱任何希望，把机会白白地抛弃或拱手送人。

……

的确，人生是曲折而坎坷的，虽然我们不能像清教徒那样认为人生就是为了受苦受难。著名剧作家奥斯卡·王尔德曾一语双关地说："我们都在沟里，但有些人却在看天上的星星。"也许我们真的都在沟里，但有些人躺在沟里唉声叹气，有些人却躺在沟里看星星。

一个悲观的人看到秋天，是满眼的落叶萧瑟，一片凄凉；而一个乐观的人看到秋天，则会发现稻谷金黄、硕果满枝。

一个悲观的人每过一天，总会叹息自己生命的账户里又减掉了一天；而一个乐观的人每过一天，总会感激又将迎来一个崭新的、孕育着希望的日子。

一个悲观的人，总是在每个机会中看到危难，把原本可能的事变成不可能；而一个乐观的人却总是在每个危难中看到机会，把原本不可能的事变成可能。

总之，若用一个悲观者的眼睛去看，人生必然是悲惨的、暗淡的；但若以乐观者的眼睛去看，生活则是绚烂美好的，是多姿多彩的，是充满了乐趣的！

亚里士多德说："聪明的人并不一味追求快乐，而

人物博览馆

罗纳德·里根：政治家，第40任美国总统。他也是一名伟大的演讲家，演说风格高明而极具说服力，被媒体誉为"伟大的沟通者"。

奥斯卡·王尔德：英国剧作家、诗人、散文家。代表作品有戏剧《温德米尔夫人的扇子》《莎乐美》、长篇小说《道连·格雷的画像》等。

是竭力避免不愉快。"

我们每个青少年都需要学会乐观地看待人生，即使人生如粪土，也不要失去信心和乐观的个性。因为，人的一生之中，总会有你喜欢的小马，你不能放弃挖掘或追寻！

成长金点子

保持乐观的小方法：

1.善于控制自己的情绪，力争做到不喜怒过度。

2.情绪是不可过分压抑的，应适当地发泄。当喜则喜，当悲则悲，但切不可过度。

3.时常开怀大笑。笑能够消除对健康有害的不良情绪和神经紧张感，驱散心中积郁的压抑情绪。

4.知足常乐。懂得心平气和地应对各种境遇，确定一个确实可行、可望可即的追求目标。

5.学会忘却不愉快的经历。不要总是沉湎于令人烦恼、伤心、悲哀、恐惧的事情中，要常常咀嚼回味美好的往事。

小任务

你觉得自己是一个乐观的人吗？如果是，请继续保持这种心态快乐地生活下去；如果不是，那么通过今天的学习，学着做一个乐观的人吧。

年   月   日

第27天／感受才能感动

　　人生的快乐，不仅在于成功、富足、平安，更在于能够发现美的存在，感受美的存在，并创造美，为自己、为他人、为大众、为世界带来真正的美！

　　果戈理是19世纪俄国现实主义文学的一代宗师。在他的创作影响下，出现了涅克拉索夫、屠格涅夫、冈察洛夫、赫尔岑、陀思妥耶夫斯基等一大批批判现实主义作家。

　　陀思妥耶夫斯基曾坦言道："我们所有的人都是从果戈理的《外套》中孕育出来的。"所以，果戈理被誉为"俄国散文之父"也就是理所当然的。

　　然而《外套》的诞生却是从朋友们的一次笑谈中获得的。而当时听到这个故事的，并不是果戈理一个人。其他人听后笑笑而已，可果戈理却没有笑，对生活的艺术感受能力促使他对这个朋友说的笑话默默地沉思起来。

　　《外套》由此萌芽而生。

　　世界上很多震撼人心的优秀的文学或艺术作品，似乎都是文学家、艺术家在平凡中发现的，普通的小事总能为他们带来与众不同的灵感。

人物博览馆

　　陀思妥耶夫斯基：俄国作家，19世纪俄国文学的卓越代表，代表作品为长篇小说《罪与罚》。

鲁迅《狂人日记》的诞生，也得益于他敏锐的艺术感受力。狂人的原型是鲁迅的一位表兄弟。一天，他突然闯进鲁迅的寓所，说有人要谋害他。他终日疑神疑鬼、惶恐不安，显然是个精神病患者。他的突然来临，乍看起来并没有特别的意义。然而，鲁迅却因此而不能平静，开始了《狂人日记》的酝酿。

感受力，是指一个人对待外界客观事物所具有的心理反应和生理感觉的能力。就是说，客观外界的各种现象，包括自然的和社会的，它们诉诸于人的感官如耳、目、鼻等，就能在人心理上引起必然反应，产生各种不同的感觉。

人人都有感受力。但每个人感受力的强烈、敏锐、鲜明程度都各有不同，因而也就形成了人与人之间的感受能力的差异。

这就是为什么艺术家、作家总能在平凡的生活中为我们发掘和创造出震撼心灵的作品的原因。他们的感受力总是要比普通人更加敏锐一些，因而也就总能发现一些我们没有察觉的本质的东西。

法国艺术家罗丹说："世界并不缺少美，只是缺少发现美的眼睛。"这双发

现美的眼睛其实就是指我们的感受力，尤其是艺术感受力。

艺术感受力是有艺术特质的人所具有的形象地认识生活、认识客观世界的能力。它与一般的感受能力不同，有着四个特点：一是在艺术感受的过程中，始终带有鲜明的形象；二是带有一定的情感的波动；三是艺术感受是一种审美的活动，有美的愉悦感；四是能够最终把情感和形象同时储存在记忆里。

艺术感受能力可分两类。一类是对艺术美的感受能力，即对音乐、舞蹈、绘画、文学等艺术作品的感受能力，通俗一点讲就是欣赏能力——鉴赏美的能力。一类是对生活美的感受能力，即在生活中发现和捕捉那些能够进入艺术领域的"美"点的能力。通俗一点讲，也就是发现美的能力，即发现力。

所谓发现力，就是指一种从司空见惯的东西中，发现新事物、发现奇妙的东西的能力；就是能从平淡无奇的生活中发现其中所具有的惊心动魄的、感人肺腑的东西的能力；就是能从那些细枝末节之中发现具有重大意义、深刻蕴含的东西的能力。

这就是发现力。罗丹说："所谓大师，就是这样的人，他们用自己的眼睛去看别人见过的东西，在别人司空见惯的东西上能够发现美。"

"对于我们的眼睛，不是缺少美，而是缺少发现。"那么，我们青少年若希望在未来的人生道路上感觉更美好，就要懂得发现美的存在，进而创造美。

第一，美在平凡之中，平凡就是美。

人物博览馆

罗丹：法国雕塑艺术家，19世纪和20世纪初最伟大的现实主义雕塑艺术家，西方雕塑史上一位划时代的人物。代表作品有《思想者》《加莱义民》《青铜时代》等。

知识万花筒

《狂人日记》：中国第一部现代白话文小说，收录在鲁迅的短篇小说集《呐喊》中。首发于1918年5月15日4卷5号《新青年》月刊。内容是以一个"狂人"的角度看待这个世界，通过他的所见所闻，指出中国文化的腐朽。《狂人日记》在近代中国的文学历史上是一座里程碑，开创了中国新文学的革命现实主义传统。

法国美学家狄德罗说："艺术就是在平凡中找到不平凡的东西。"即从那些司空见惯的、极平常的、"人人心中皆有，人人笔下皆无"的平凡中发现别人没发现的东西。

你可曾真的呼吸到洋溢着蓬勃生机的春天气息？

你可曾感觉到这种气息变成身体的一部分？

你可曾在林中漫步，并环顾四周的景色？

你可曾注视逆流而上的鱼群，一往无前地到上游去产卵？

你可曾注视一只采集泥草忙于筑巢的小鸟，看到它似乎不胜负荷地叼着一棵草，而赞赏它的毅力？

生活之美，美就美在它很平凡，但又不平凡。

第二，美在细小之中，细小就是美。

以细小表现博大，以少来胜多，是艺术创作的重要原则。这大与小、多与少，越是有差距，就越是有难度，也就越有价值。

你可曾跪下来，用放大镜细看形色不同的苔藓和地衣？

你可曾闻到紫罗兰和蒲公英的清香？

你可曾看到金盏草、延龄草、报春花和金樱子？

你可曾看到红顶草从枯叶中钻出来？

你可曾在春光明媚的季节里数树林中有多少种深浅不同的绿色？

自然之美，美就美在它既可以是细小的，又可以是巨大的。

第三，美在典型之中，典型就是美。

艺术要选择细小的平凡的东西，但还要典型，要能反映事物的本质。没有这个限制，就会滑向自然主义。

第四，美在个性之中，独特就是美。

独特是指内容独特、感受独特、人物独特、表达方式独特。艺术是一种创造，人们欣赏艺术品，实际上是在欣赏作者的创作，欣赏其独特之处，欣赏别人没有发现的东西，欣赏用什么独特的方式来表达作者的发现，或表达别人发现了

却又表达不出来的东西。

第五，美在深邃之中，有容量就是美。

在平凡、细小、典型、独特之中，还有一定的深度、一定的容量。

……

这些既是美的存在，也是美的特点。那么，我们不妨经常问问自己，对生活中出现的各种画面、不经意演示的各种场景，我们都能用艺术的目光去观察、审视一番吗？

人生的快乐，不仅在于成功、富足、平安，更在于能够发现美的存在，感受美的存在，并创造美，为自己、为他人、为大众、为世界带来真正的美！

我们青少年的人生刚刚开始，更多的美丽、更多的快乐还在后面的漫漫人生路上，只要我们拥有敏锐的感受力，就会发现生活中存在的美，就会更加热爱生活！

人物博览馆

狄德罗：18世纪法国唯物主义哲学家、美学家、文学家，百科全书派代表人物，第一部法国《百科全书》主编。其他著作包括《对自然的解释》《生理学基础》和一些小说、剧本、评论论文集，以及写给很多朋友和同事的才华横溢的书信。

成长金点子

感受美的小方法：

1.多方面培养兴趣爱好，如书法、美术、摄影、雕塑、音乐、舞蹈等。通过对各种艺术的了解与感受，触发和丰富自己的艺术感受能力。

2.多读些随笔类的文章，细细地去体味作者对生活的感受力。

3.自己也可以写些随笔类的文章，把自己对生活细微的感受都记录下来。再用自己的艺术感受力，去好好观察生活，在生活中搜寻细微的感触、搜寻美。

4.要注意训练自己感觉器官的敏锐性，丰富自己的感情，不断增添自己情感的强度和层次，增强心灵对生活的感应能力，而且要在感受的独特性以及感受的深度、广度、灵敏度上有不懈的追求。

5.艺术虽然高于生活，但却来源于生活。闲暇时，不妨到处去寻找和感受一下美。比如，你可以躺在地上，从松树丫间仰望长空，神游梦想；你可以依靠一棵粗壮的树而坐，闭目凝神；你可以倾听鸟儿婉转地歌唱；你可以观赏滚滚流水翻越堤坝，注入长河的壮观；你可以注意银鳞在日光中闪烁的美丽……

小任务

你有没有喜欢的艺术形式？绘画、音乐、舞蹈，等等。把你从中感受到的美描述给你的朋友听。

第28天／缺憾也是人生之美

有人问一位走红的国际女影星是否觉得自己长得完美，她说："不，我长得并不完美，我觉得正因为长相上的某些缺陷才让观众更能接受我。而且我也从未刻意要去追求完美，只是觉得，无论做什么尽自己的最大努力，只有自己觉得无愧于心，不留遗憾，才会真正快乐，至于是否完美，并不重要。"

一天，柏拉图问他的老师苏格拉底什么是爱情。苏格拉底叫他先到麦田里，摘一棵全麦田里最大最金黄的麦穗。期间只能摘一次，并且只可以向前走，不能回头。

结果，他两手空空地走出麦田。

苏格拉底问他为什么摘不到，他说："因为只能摘一次，又不能走回头路，即使见到又大又金黄的，因为不知前面是否有更好的，所以没摘；走到前面时，又发觉总不及之前见到的好，于是，我便什么也没摘到。"

苏格拉底说："这就是爱情。"

柏拉图又问什么是婚姻。苏格拉底叫他先到树林里，砍下一棵全树林最大、最茂盛的树。同样只能选一次，以及同样只可以向前走，不能回头。

这次，柏拉图带了一棵普普通通的树回来。

人物博览馆

柏拉图：古希腊伟大的哲学家、思想家。他一生著述颇丰，主要思想都集中在他的代表作品《理想国》中。

苏格拉底告诉他："这就是婚姻。"

柏拉图因为有了上一次的经验，所以便不再追求最好的、最完美的那一个，而只选择了普通的一个，当然也就没有再错过机会。

爱情、婚姻就是如此，普普通通的才是最真实的。其实，又何止是爱情、婚姻呢？人生中的许多东西不都是如此吗？

追逐完美就等于永远错过，而实际拥有的恰恰都是有瑕疵的。对于是否要追求人生完美的问题，我们只需明白以下两点——

第一，完美主义者没有真正的人生快乐。

有一个樵夫在山上砍柴时捡到了一块很大很漂亮的玉，他非常喜欢。但是，让樵夫觉得可惜的是，这块玉上有一些小的瑕疵。樵夫想，如果能把这些小瑕疵去掉的话，这块玉就完美无瑕了，到时候就非常值钱了。于是，他把玉敲掉了一个小角，但是瑕疵仍在；再去掉一角，瑕疵依然有……最后，瑕疵是被去掉了，但玉也被敲得支离破碎了。

在现实生活中就有很多这样的"樵夫"，他们过分追求完美，而其代价往往就是将稍有瑕疵的"宝玉"也给毁掉了。

随着青少年自我意识的发展，一些少男少女开始变得对自己不满意了，无论身材长相，还是学识能力，我们总觉得自己不如人，希望能通过各种途径使自己在方方面面都变得更好、更完美。然而，追求纯粹的完美却为自己的生活带来了许多苦恼。

有的青少年在学业上追求精益求精，这固然很好，可是却不能容忍自己出现失误，因而考试成绩稍不如意就会心情烦躁、闷闷不乐。

结果，便陷入了这样一个怪圈：越是追求完美，就越是发现不完美；越是发现不完美，心情就越烦躁；心情越是烦躁，就越是不能完美……

完美固然是人人都想要达到的最高境界，但却未必是我们一定或必须要追求的。在生活中，一个过度要求事事完美的人，就是心理学上所谓的"完美主义者"。

通常，完美主义者对自己的要求会比别人更为苛刻，要求自己必须是完美无

瑕的，所以同时也就给自己施加了很大的压力，并为此常常自责而闷闷不乐，经常有挫败感。与此同时也会牵绊到他人，结果使自己和周围的人苦不堪言、不胜其累。

人生若要完美，就必然不可缺少快乐的成分，否则，才是一个大缺憾。如此看来，完美主义者的人生哪儿还有快乐可言呢？

第二，会欣赏缺憾之美的人生才更趋近于完美。

理论上说，最完美的就应该是最好的，但事实上，最好的却未必就是最完美的。"白玉无瑕"是基本不可能的，"瑕不掩瑜"才是正常的心态。

我们的古人早告诉我们这个道理了，"人无完人，金无足赤""水至清则无鱼，人至察则无徒""不可求全责备""不必吹毛求疵""全则必缺，极则必反，盈则必亏"，等等，这一条条的名言隽语，说的都是这个意思。

世上只有相对的真理，没有绝对的真理。我们会发现，有时我们越要求"完美"失误反而越多，常常因此而失去机遇，导致失败。

其实，凡事只要利大于弊、成功大于失误，就应给予充分肯定。而如果说成"完美无缺""百分之百正确"，那肯定是说过了头。

总之，"完美无瑕"是我们不可能做到的，在这个世界上也是不存在的。任何事物的发展、任何伟大人物的成长过程中都有缺失，"十全十美"不可能，"美中不足"才是常态。

我们青少年应该学会用平和的、包容的，甚至欣赏的眼光和心态来看待人生中的一些瑕疵、一些缺憾，要

知识万花筒

白玉无瑕：洁白的美玉上面没有一点小斑。比喻人或事物完美无缺，十全十美，无可挑剔。语出宋代释道原的《景德传灯录·卷十三》："问：'不曾博览空王教略，借玄机试道看。'师曰：'白玉无瑕，卞和刖足。'"

水至清则无鱼，人至察则无徒：直译为，水太清了，鱼就无法生存，对别人要求太严格了，就没有朋友。今天多用此告诫人们指责别人不要太苛刻、看问题不要过于严厉，否则，就容易使大家因害怕而不愿意与之打交道，就像水过于清澈养不住鱼儿一样。语出班固《汉书·东方朔传第三十五》。

用"有容乃大"的气量来理解：所谓的"十全十美"只是个美丽的幻想，人要有平常心，其实缺憾也是一种美。

"无愧我心，不留遗憾，才会真正快乐，至于是否完美，并不重要。"希望我们青少年也都能记住这句话。人生对于个人的最大意义在于是否快乐，而快乐其实与完美是无关的。

只要尽了自己的最大努力就足够了。能认识到自己有种种不足并能宽容待之的人，才可以说心态是最健康的，也是最自信的、最快乐的！

所以，寻觅幸福人生的青年朋友们，请不要压抑自己，也不要太在乎别人的言论，只要我们活出自己的特色，活出自己的风格，人生便已经有了与众不同的美！

完美永远是可望而不可即的，请你打开心灵的桎梏，解放真实的自我，当你不再注意自己是否完美时，或许有一天就会惊喜地发现往日渴求的完美，今天已然具备！

百分之百的完美只是一种虚幻，问心无愧的努力才能得到最踏实的拥有！

成长金点子

抛弃完美主义的小方法：

1.重新树立评价自己的标准，树立一种合理的、宽容的、注重自我肯定和鼓励的标准。

2.学习多赞美自己，坦然愉悦地接受别人的赞扬。

3.不可偏执，心态要保持健康和平和，不能妄想，要懂得收放自如。

4.要量力而行，把事情控制在自己能力的范围以内。

5.不能作茧自缚。所追求的结果是让自己更快乐，而不是定个目标，把自己打入万劫不复的苦牢。

小任务

审视一下自己，你觉得自己有哪些不足与缺陷吗？以积极平和的心态对待自己的不足，让自己活得更快乐。

第29天／知识是最强大的力量

人生必须要有知识，知识就是引人走向光明的明灯，就是供给身体营养的血液，就是灵魂的粮食，就是扫除恐惧的扫把，甚至于，知识就等于生命，知识就等于财富……

阿基米德是古希腊伟大的数学家。他是科学史上第一个将物理与数学融会贯通的人，也是第一个将计算技巧与严格证明融为一体的人。

阿基米德不但是一位伟大的科学家，还是一位伟大的爱国者。当罗马帝国的军队侵犯他的家乡时，70多岁高龄的阿基米德挺身而出，竭尽自己的心智，为保卫国家而战斗。

传说阿基米德制作了一面巨大的抛物镜，把阳光聚焦后反射到罗马的战场上，燃起熊熊大火。

他还发明了一种投石器，能迅速投出成批的石子，把逼近城墙的士兵打得头破血流。

罗马军队的统帅马塞尔沮丧地说："我们是在同数学家打仗！他（阿基米德）安稳地待在城里，却能焚烧我们的战场，一下子掷出铺天盖地的石子，真像神话中的百手巨人。"

人物博览馆

阿基米德：古希腊哲学家、数学家、物理学家。在数学方面，他的主要成就是研究出几何体的表面积和体积的计算方法；在物理学方面，他总结出了"杠杆原理"和"力矩"的概念，享有"力学之父"的美称。

拥有知识的人又岂止是百手巨人、千手观音？高尔基曾经说过："没有任何力量比知识强大，用知识武装起来的人是不可战胜的"。

第一，知识可以保护和挽救生命。

2004年12月26日凌晨，在东南亚、南亚一带的印度洋海域突然发生了海啸，"整个海洋陡然间站了起来"，一场浩劫刹那间夺走了15万多人的生命。

当时，年仅10岁的英国女孩蒂莉·史密斯却挽救了所有和她在同一处海滩上的人。

那是因为两周前，她的地理老师讲解了地震和地震如何引发海啸的知识，并让她和同学们观看了海啸的录像。因此，当她在海滩上看见海面出现异状、海水开始起泡沫、海潮突然退走时，她知道海啸就要来了，于是她及时地告诉了妈妈。

正是凭着课堂上得到的海啸知识，她不仅救了她自己和父母，也挽救了泰国普吉岛麦考海滩和附近一所宾馆数百人的生命。

同样在这一次印度洋海啸中，还有一个让人听了也感到欣慰的故事：

居住在泰国南素林岛上的俗称"海民"的摩根族人，有一条民间流传已久的古训说："如果海水迅速消失，同量的海水将卷土重来"。

正是因为想起这个古老的教诲，当海啸的预兆出现时，65岁的村长萨马奥当机立断，马上带领181名岛民，逃到内陆一座山上，躲过了这场世纪大灾难。

泰国摩根族人的故事告诉我们：古训非常有用，古训也是知识，古老的常识一样可以发挥救人的惊人力量。

而与他们的故事相反的是，当时很多人看见海啸来袭的景观时，就是因为缺乏对大自然现象应有的常识，不但不知大难临头，反而好奇地驻足观赏，因此错过了逃生的最佳时间，白白断送了宝贵的生命。

当大自然发难时，无知会让人类惊慌恐惧、一筹莫展、手足无措。只有知识能让人类知道如何把自己从危难中解脱，把生命从死神的手中夺回。因此，知识就是生命的源泉。

第二，知识可以创造财富。

众所周知，只有掌握知识才能帮助我们创造财富，这样的例子数不胜数——

1923年，福特公司最大的一台电机发生了故障，公司所有的工程师都没能找出问题所在。公司便找来曾因发明交流电而与爱迪生齐名的斯泰因梅茨。

斯泰因梅茨在电机旁搭了帐篷安营扎寨，然后整整检查了两昼夜。最后，他用粉笔在这台电机上画了一条线作为记号。

斯泰因梅茨对福特公司的经理说，打开电机，把做记号处的线圈减少20圈，电机就可以正常运转了。工程师们将信将疑地照办了，电机果然修好了。

事后，斯泰因梅茨向福特公司要价10000美元作为报酬。福特的工程师们一片哗然。

斯泰因梅茨不动声色地在付款单上写道："用粉笔画一条线，1美元，知道把线画在电机的哪个部位，要9999美元。"

知识所产生的价值永远是其他劳动所无法相比的，这在当今时代体现得更为明显。在信息经济社会里，价值的增长不是通过劳动实现的，而是通过知识实现的。

知识的价值对每个人乃至整个人类社会的意义都是无比重要的。人类的历史从无到有走到今天，本身就是一个不断积累知识、不断丰富知识、不断创新知识的过程。

从大的方面讲，知识让一个国家有屹立于世界民族之林的资格，并有与时俱进、开拓创新的巨大潜力：

假如不懂自然科学，中国历史上就不会有伟大的四

知识万花筒

福特：世界著名的汽车品牌，为美国福特汽车公司旗下品牌之一。公司及品牌名"福特"来源于创始人亨利·福特的姓氏。福特汽车公司成立于1903年，是世界上最大的汽车生产商之一，旗下拥有福特和林肯等著名汽车品牌，总部位于密歇根州迪尔伯恩市。

四大发明：造纸术、指南针、火药、活字印刷术。这一说法最早由英国汉学家李约瑟提出，并被世人所认同。这四项发明不仅对中国古代的政治、经济、文化的发展产生了巨大的推动作用，经由各种途径传至西方后，对世界文明的发展也产生了很大的影响。

大发明产生；

假如不懂得地质学，人们就不会知道960万平方公里土地下埋有宝藏；

假如不懂得信息科学，我们就会变成耳聋眼花的原始人，落后于世界；

假如不懂得基因科学，就不能克服遗传障碍、满足人类生存发展的需要；

……

从小的方面讲，知识让个人拥有改造自然、改造社会的能力，能够使自身达到理想的境界，实现个人的人生价值。

抓住我们的青春好年华吧，趁我们身体还强壮、脑子灵活、不为众多琐事羁绊之时，多学一些知识，多长一些学问，把人生的路修得更长、更远、更精彩、更辉煌！

成长金点子

多学知识的小方法：

1. 对于事物的认识，切忌一知半解。

2. 学习知识是永无止境的，不能因为害怕"一知半解"而干脆不学。人的一生只要不停地学习，知识就肯定会不断增长。

3. 知识要和实践相结合。要以我们的实践精神和动手能力来配合所获得的理论知识，使它真正成为有用的东西。

小任务

通过今天的学习，你是否了解到知识的重要性了呢？跟同学一起在班里组织一场知识竞赛，审视一下彼此拥有的知识量，找到学习的方向。

第30天／在阅读中认识世界

> "最是书香能致远，阅读之乐乐无穷。" 书，是打开知识宝库的钥匙，是改造思想的工具，是瞭望世界的窗口，是塑造灵魂的大师。
>
> 读书让我们更好地认识世界，更好地了解人生。生命时光虽然短暂，但我们可以通过书籍感受到大千世界的丰富多姿，感受到人生的有趣有味。

人物博览馆

高尔基：苏联无产阶级作家，社会主义现实主义文学的奠基人。代表作品有《童年》《在人间》《我的大学》等。

高尔基少年时家境贫困，无法跨进学校的大门，只得早早出去做工，养家糊口。

但高尔基非常热爱读书，他总是抓住做工间隙的一切零散时间，如饥似渴地阅读一切可以找到的书籍。

一次，高尔基在烧水时，读书读得入了神，没有发觉水早就烧开了，结果把茶缸烧坏了。

凶狠的女主人抄起一根木棍，把高尔基打得遍体鳞伤，而且背上还扎进了42根木刺。

女主人生怕高尔基去告她虐待罪，马上换了一副可怜的面孔说："孩子！只要你不去告发我，你提什么条件我都答应。"

"只要你允许我在干完活后可以读书，我就不去告发你。"

女主人极不情愿地答应了。

这样，高尔基以皮肉受苦的代价，换来了做工之余读书的权利，使自己的学识日益渊博，逐渐成为一代文学巨匠。

因为贫困，高尔基无法进入学校学习，可他却通过如饥似渴地阅读大量书籍，使自己不仅拥有了世界上"最高尚的享受"，还在精神上成为一个富有的人！

正如他在《我童年读书的故事》中所说："热爱书籍吧，书籍能帮助你们生活，能像朋友一样帮助你们在那使人眼花缭乱的思想感情中，理出一个头绪来，它能教会你们去尊重别人也尊重自己，它将以热爱世界、热爱人民的感情，来鼓舞你们的智慧和心灵。"

纵览古今中外，凡是有成就的人，没有几个是不热爱读书的——

爱因斯坦在17岁入苏黎世工业大学就读时，"刷掉了很多课程，而以极大的热忱在家里向理论物理学的大师们学习"。由于兴趣所在，爱因斯坦还把阅读当成了"悦读"。他曾回忆道："我由于读罗素的著作而度过了无数愉快的时刻。"

南宋著名的文学家、目录学家和藏书家尤袤甚至把读书融入了自己生活，他在《遂初堂书目》序中比喻道："饥读之以当肉，寒读之以当裘，孤寂读之以当友朋，幽忧读之以当金石琴瑟也！"

所以，我们每个人都应该培养读书的兴趣，只有像"饥饿的人扑在面包上"一样爱上读书，才能由衷地感到读书是一种享受，而非一种苦役和负担，才能使自己的知识、能力水平达到新的境界，才能使自己"临轩问策有渔施"，而不是"书到用时方恨少"。

也有一些青少年会抱怨说："我倒是想读书，可是学习太紧，没有时间读。"

虽然学习紧是事实，但是请扪心自问：你每天真抽不出一小时或半小时的工夫吗？

一个人能够读书，不是有没有时间的问题，而是有没有决心的问题。

正像鲁迅先生所说的，"时间就像海绵里的水"。少逛一次街、少闲聊一会

儿、少打一会儿游戏……读书的时间便由此而来。

还有一些青少年也喜爱读书，但所读之书非常单一。如有的人专爱读言情小说，有的人专爱读武侠小说，有的人专爱读抒情散文，有的人专爱读现代诗歌……

应该说，对成人而言，读得专一，可以研究得深刻，更易出成果，但对我们而言，阅读中产生偏爱心理却大为不妙。

因为青少年时期正是打基础、长知识的年龄，需要接受各种科学文化知识的熏陶，如果阅读面太窄，过于"偏食"，就会破坏知识结构，导致视野狭窄、想象力贫乏、文思枯竭，创造力会受到抑制。

试想，一位作家，如果不懂历史、不懂哲学、不懂经济，如何能写出一部深刻地反映社会生活的作品来？

一个经济学家，如果不懂文学、不懂哲学、不懂心理学、不懂民俗学，他怎能研究出真正为社会所用的经济理论来？

杜甫所说的"读书破万卷，下笔如有神"正是道出了博学的真谛。我们青少年在读书时要尽可能广泛阅读，古今中外的文、史、哲、数、经济、地理等，尽情涉猎、浏览，即使知之不深，至少也要得其皮毛。

何况，书本多以对事物系统的论述的形式出现，对事物的认识未必不深。假如作者学识广博、见解独到，读他的论述可能比实际经历其事得到得更多。

比如，读文学作品，你可以与基督山伯爵一起去经历他的复仇冒险；可以与贾宝玉、林黛玉一起品尝爱情的悲欢离合；可以与莎士比亚一起为美丽的鲍西娅凭自

人物博览馆

尤袤：南宋诗人。字延之，小字季长，号遂初居士，晚年号乐溪、木石老逸民。他的祖父尤申、父亲尤时享，皆治史擅诗。尤袤与杨万里、范成大、陆游并称为"南宋四大诗人"。他的诗歌作品均收入《乐溪集》。

杜甫：盛唐时期伟大的现实主义诗人，被世人尊为"诗圣"，他的诗歌被称为"诗史"。杜甫的诗都收集在《杜工部集》中，《茅屋为秋风所破歌》《兵车行》《丽人行》等是他的经典代表作。

己的胆识、智慧战胜狡诈的威尼斯商人而喝彩……

读历史书，你会明白"力拔山兮气盖世"的项羽为什么会败在刘邦手中；你会明白中国的唐代为什么那么繁荣，以至长安成了当时世界的中心城市；明白清朝为什么会由昌盛走向灭亡……

正如高尔基所说："当书本给我闻所未闻与见所未见的人物、感情、思想和态度时，似乎每一本书都在我面前打开了一扇窗户，让我看到一个不可思议的世界。"

读书让我们可以在油墨的芳香中，在纸页翻动的声音中，在文字的遨游中体会到难言的满足、幸福和富有。

我们每个人都应该发自内心地爱上阅读，把人类积累下的知识当作我们的宝藏，我们定将受益无穷！

成长金点子

喜欢阅读的小方法：

1. 读书的目的，最重要的是把所学的知识有效地运用到生活和实践中去，才会发挥其效用。

2. 挑选知识含量高、思想深邃、对自己的人生目标有激励作用的好书来读。

3. 博览群书固然可贵，但还必须要反复研读、认真思考，才能把书本上的知识变为自己的东西。

4. 读书时经常做笔记，是促进思考、加强识记、促进消化的有效方法。

小任务

迄今为止，你读过的书中最喜欢的一本是什么？写一篇读后感，说一说你为什么喜欢这本书吧。

第31天／游历的收获更丰富

莎士比亚在《维洛那二绅士》中借瓦伦丁之口说："年轻人守着家园，见闻总是限于一隅……我倒是很想请你跟我一起去看看外面的世界，那总比待在家里无所事事、在懒散里消磨青春好得多。"

旅游是一种学习，大自然是一部百科全书。历史、地理、文学、艺术、哲学、宗教诸多知识，都存在其中，只要你行走其间，去发现、去思考，就会有意想不到之所得。

有一次，少年毛泽东从《民报》上看到一条消息，说两个青年徒步游遍全中国。他们已经走到了离西藏不远的打箭炉（四川康定）。

他看了这条消息非常激动，心中萌发了游学的念头。于是在1912年夏天，他找到了肖子升和肖蔚然一起出去游学。

三个人商量好，第二天一早就出发了。他们换上草鞋，每人只带一把伞、一个布袋子，里面装着换洗衣服、毛巾、笔记本、毛笔、墨盒。

一路上，他们拜访了劝学所，游历了香山寺，到了附近的宋家潭，找农民了解农村的情况，给一位老翰林

人物博览馆

莎士比亚：英国文艺复兴时期伟大的戏剧家和诗人。他的代表作有四大悲剧《哈姆雷特》《奥赛罗》《李尔王》《麦克白》，四大喜剧《仲夏夜之梦》《威尼斯商人》《第十二夜》《皆大欢喜》等。

写了一首诗，换了 40 个铜板……

一个多月时间的游学，途经 5 个县，行程近千里，毛泽东回去以后写了许多笔记和心得，湖南第一师范学院的同学和老师们都赞誉毛泽东是"身无半文，心忧天下"。

这样的游学，毛泽东还进行了多次，收获很大，他从游学中学到了不少书本上没有的"活"的知识，了解了社会，观察了民情，对他以后进行革命活动产生了深远的影响。

游学，就是一边旅游一边学习，是古人开阔眼界、增长知识的一种方式。

2500 多年以前的春秋时期，孔子带领弟子周游列国 14 年，开辟了游学教育模式之先河。

旅行者在旅行过程中了解风土人情，考察实地情况，是向社会学习、深入实际调查研究的好方法。

老子游历了江南塞北，而后写出了在世界各地广为流传的《道德经》；

李白行尽了蜀中各地，感情融进了一首首飘逸狂放的诗词中；

徐霞客走遍了中国，最终撰成千古奇书《徐霞客游记》；

达尔文更是周游了世界，才著成震烁古今的《物种起源》。

古人提倡"行万里路，读万卷书"，在今天，这依然是颠扑不破的真理。直接的经验比间接的认知更丰富、更具体、更切实、更深刻。"行"之受益，不可小视。

旅行即意味着见识。有报道说，如果一个欠发达地区80%以上的人口，不曾有过真正意义上的旅游，这个地区的致命伤就不单是一段时期发展缓慢的经济困厄，而是梦魇般长期滞后的封闭状态。

对于社会和个人，旅行都具有这样的意义。达尔文说："在我看来，没有什么比长途旅行更能使青年科学家进步。"

这话确实有道理，世界的美丽风光，祖国的锦绣山河，悠久的历史文化，说不尽的神话传说故事，丰富多彩的民情风俗，品不尽的地方风味小吃……不仅为我们的生活增添了新的乐趣，更会让我们得到诸多意想不到的收获——

旅行收获之一：开阔视野，增进知识。

在辽阔的国土上游历，就好像走进一座巨大的博物馆。可以了解各地各民族的历史、风土人情、文化艺术、饮食习惯等特点，还可欣赏古代建筑艺术、名家碑碣等。

我们正处在学习知识的年龄，到处走走，看看外面

人物博览馆

李白：唐朝诗人，最伟大的浪漫主义诗人，有"诗仙"之称。代表诗歌作品有《蜀道难》《将进酒》《梦游天姥吟留别》等。

徐霞客：明代地理学家、旅行家、探险家。徐霞客在完全没有政府资助的情况下，先后游历了16个省，足迹遍及大半个中国。他写下的游记有二百四十多万字，后来经后人整理成书，就是著名的《徐霞客游记》。

的世界，对于开阔视野，增进知识是非常有好处的。正如荀子所说："不登高山，不知天之高也；不临深溪，不知地之厚也。"

拜伦的意大利之旅使他精通了八分体，而几次欧洲大陆之行更是给他的笔以无限的养料。横穿欧洲大陆的壮举不是随便什么人都可以做到的，尤其是这种游历不是走马观花，而是用心去观察的同时认真学习。

可以说，没有欧洲的游历，就不会有著名的《唐璜》问世，也就不会有我们看到的那个诗人——拜伦。

旅行收获之二：陶冶情操，享受人生。

暂且不说世界各地，即使我国的名胜古迹，也是极其繁多，秀丽的山川数不胜数，各地风俗民情迥异珍奇，每到一地都会使人耳目一新、感慨万千，这对于调节精神，提高自身的文化修养非常有益。

由于旅游胜地山清水秀、风景优美、鸟语花香，我们不仅可以一览大好河山的壮丽景色，而且能借以舒展情怀，是一种有益于身心的调养活动。

身处苍翠幽深的崇山峻岭，会使人神清气爽；置身于美丽的湖光山色，可使人悠然自得；身处那变幻莫测的云雾山中，会使人体态飘然；眺望那无限美妙的自然风光，会使人产生无穷的遐想；身处气势磅礴、雄伟壮观的景色中，可激发我们的豪情。

旅行收获之三：增强体魄，锻炼意志。

舒适的生活，让人们离自然远了，离纯真远了，而旅行让我们接近自然，返璞归真。然而在旅行中，不可能每日都是风和日丽，也可能有雨雪冰雹；旅途上不可能每段都是鲜花夹道，也可能荆棘丛生。

当我们一旦成为旅人，便有了与自然作斗争的勇气，我们在宁静的环境中欣赏自然、体味人生，我们也在风雨中学会了战胜困难，从而变得坚强。

旅行，会把风霜写在我们的脸上，一次远行，便足以憔悴我们丰润的容颜，然而，旅行，却使一颗年轻的心更加成熟。

"旅行对我来说，是恢复青春活力的源泉。"丹麦童话作家安徒生如是说；

"世界是本书，不是从旅行中获得满足感，而是为了心灵获得休息。"对于旅行，古罗马政治家西塞罗发出了这样的感慨；

法国文艺复兴后期思想家蒙田也曾说过："旅行在我看来是一种颇为有益的锻炼，心灵会在旅行中不断地进行新的未知事物的活动。"

……

旅行的收获还有很多，如调剂生活，增乐添趣；增进交往，结识朋友；还能使我们的头脑更充实、思维更活跃、灵感更丰富。

在旅游过程中产生的新见解会打破我们的自我膨胀，透过别人的眼睛来认识自己，就像服用一剂有益健康的良药。踏上归途时，我们会变得更理智、更宽容、更知情达理……

古罗马哲学家奥古斯丁说："世界是一本书，从不旅行的人等于只看了这本书的一页而已。"这话虽然略有些夸张，却正反映出旅行、游历对人生阅历和知识增长的重要性。

莎士比亚也提倡年轻人用丰富的游历来拓展自己的视野、增长头脑中的见识。

他的所有戏剧几乎都用各种各样的场景来为读者提供拓展视野、增长见识的机会，巴黎、维也纳、威尼斯、维罗纳、米兰、罗马、雅典……人们总是陶醉于这些具有迷人风光和无限风情的地方。

青少年时期正是人生急需开拓眼界、增长阅历的时期，须知，过了这个黄金的年龄，人生的繁杂琐事就会

人物博览馆

奥古斯丁：古罗马帝国时期基督教思想家，欧洲中世纪基督教神学、教父哲学的重要代表人物。在罗马天主教系统，他被封为圣人和圣师，并且是奥斯定会的发起人。对于新教教会，特别是加尔文主义来说，他的理论是宗教改革的救赎和恩典思想的源头。

知识万花筒

威尼斯：意大利东北部城市，亚得里亚海威尼斯湾西北岸的重要港口。主建于离岸4公里的海边浅水滩上，平均水深1.5米。由铁路、公路、桥与陆地相连。由118个小岛组成，并以177条水道、401座桥梁连成一体，以舟相通。威尼斯"因水而生，因水而美，因水而兴"，享有"水城""水上都市""百岛城"等美称。

接踵而至。

赶快行动吧！去看一看奇妙的大自然，听一听不一样的声音，让我们的头脑更加丰富，让我们的心灵更加敏锐，让我们的人生更加充实和有滋有味吧！

成长金点子

游历收获的小方法：

1.如果时间允许，不妨多出去旅游几次，在旅行中认识社会、增长知识。如果经济条件许可，不妨出国做一下短期游学，会得到更大的收获。

2.也许目前你所居住的城市你并不熟悉，那不妨骑车到处游览一番，了解一下当地的风土文化和地理环境。

3.无论是长途旅行还是近郊野游，都应该为自己的安全做好准备：出门之前最好查一下当天的天气预报，准备好应付不时之需的用品，如雨伞、遮阳帽、水壶、手纸等。另外，准备一张当地的地图也是必不可少的。

4.旅行虽然很美妙，却也是件很辛苦的事，不过你可以利用爬山、涉水等活动锻炼自己的意志，挑战自己的胆量。

小任务

假期里，有没有在父母的陪伴下出去旅游呢？你都去过哪些地方？通过旅游，你觉得自己有什么收获吗？不妨讲给你的同学听。

第32天／同情是爱心的发源地

爱心是一个人从幼稚走向成熟的开始，而同情心是关爱产生的源头，只有当关心他人、理解他人的同情心得到正常发展的时候，人才会有爱，才会有善良。

培根说："同情在一切内在的道德和尊严中为最高的美德。"所以，人不可无同情心，同情心可以使人变得可亲可敬，变得崇高伟大！

知识万花筒

高尔夫球：一种以棒击球入穴的球类运动，相传源于苏格兰，20世纪初引入中国。"高尔夫"是荷兰文kolf的音译，意思是"在绿地和新鲜氧气中的美好生活"。高尔夫球运动是在室外广阔的草地上进行的，设9个或18个穴。运动员逐一击球入穴，以击球次数少者为胜。

阿根廷著名高尔夫球手罗伯特·德·温森多在一次赢得锦标赛并领到奖金支票后，遇到一个年轻的女子。她向温森多表示祝贺后，又说她可怜的孩子病得很重，也许会死掉，而她却支付不起昂贵的医药费和住院费。

温森多被她的讲述深深打动了，他掏出笔在支票上飞快地签了名，然后塞给那个女子："这是这次比赛的奖金。祝可怜的孩子走运。"

一周后，当温森多正在一家俱乐部进午餐时，一位朋友走过来说："一周前，你是不是遇到一位自称孩子病得很重的年轻女子？她是个骗子，她根本就没有什么病得很重的孩子。你让人给骗了！"

"你是说根本就没有一个小孩子病得快死了？"

"对，根本就没有。"

温森多长吁了一口气："这真是我一个星期来听到的最好的消息。"

从温森多身上我们可以看出，善良是一种多么高贵的品格。即使自己上当受骗了，他还惦记着那个生病的孩子，满怀着对弱者的同情和爱心。也正是因为他的这种品格，使他不仅在球场上获得成功，更在人们心中获得了良好的声誉。

无独有偶，我国的小品演员蔡明也是这样一位充满了同情、怜悯之心的人。

蔡明每见到街上有人乞讨，都会给钱。朋友劝她说："这些乞丐看着可怜，其实有不少都是假的，人家就是靠这个发财的，家里的小洋楼都盖起来了，比你住得还宽敞。"

蔡明总是点点头，若有所悟。可是下次碰见乞丐，她还照样掏钱。朋友问："你怎么还犯傻呢？"她解释说："万一这个是真乞丐，他家里没盖楼呢？"

一个富有同情心的人，即使他无法成就辉煌的事业，没有太多傲人的资本，但他的人格也一样会闪烁光辉，并受到人们的敬重和热爱。

诗人杜甫，因为写下了"安得广厦千万间，大庇天下寒士俱欢颜"那样滚烫的诗句，才戴上了"人民诗人"的桂冠；

龚自珍发出"落红不是无情物，化作春泥更护花"的肺腑心声，表现了悲天悯人的博大胸怀；

面似冷峻的鲁迅先生，则因"俯首甘为孺子牛"的拳拳之心，更愈显其思想之深邃、道德之高尚。

同情心，是一个人由于意识到自己与他人息息相关而对他人产生的不忍、关心、亲近、理解的感情，是人在情感方面的基本要素，也是一个人在品德方面成长的基础和土壤。

富于同情心的人，能够了解别人的处境，会从内心深处关心、同情和帮助别人，当然，这种美德也会使被帮助的人感恩并怀念。

在19世纪末叶的西伯利亚，富于同情心的小镇居民，常常在深夜房外的窗台上放着酸奶、面包和旧衣服，以供那些从流亡地逃跑的十二月党人食用。一

些著名的十二月党人，就是靠着这些食物和衣服才逃出了冰天雪地的西伯利亚的。

小镇居民的名字至今谁也不知道，更不见经传史册记载，可他们的善举，不仅温暖了冻饿之极的十二月党人，至今还温暖着人们的心田。

孟德斯鸠说："同情是善良心所启发的一种情感之反应。"没有同情心的人就没有善良心，这样的人只关心自己，只顾自己的快乐，无视别人的痛苦，在他的心目中不会有他人幸福的概念，甚至会把自己的幸福建立在别人的痛苦之上。

而如今的一小部分青少年正是这样没有同情心、没有善良心、没有爱心的人。他们多数为独生子女，从小就养成了懒散、娇气、懦弱的毛病，他们只知道被爱，却不知道同情别人，甚至不懂得心疼父母。

更有极少数者不仅自私、冷漠，甚至残忍暴力，这样的人若不及时改正，前景将会很糟糕的。

父母的溺爱和娇惯、教育的功利和残缺、社会的复杂、世界的多变，再加上充斥在我们周围的到处都是色情、暴力的影视，血光飞溅、充满杀戮的网络游戏……很多人的同情心就在这些因素的合力作用下被消磨殆尽了。

一个没有同情心的人，是冷酷残忍的，但同时也是无力的，外表的强大掩饰不住内在的脆弱，因为爱心和仁慈的力量远远超过愤怒——暴力和愤怒并不能征服别人，只有爱和善良才能沁人心脾，从内心征服别人。

一个没有同情心的世界，是冷漠可怕的。但幸运的是，我们的世界并非是黑暗的，世界的大部分依然是充

知识万花筒

十二月党人：指1825年发动反对农奴制度和沙皇专制制度武装起义的俄国贵族革命家。他们发动的起义发生在俄历12月，因此领导这次起义的革命者在俄国历史上就被称为"十二月党人"。

人物博览馆

孟德斯鸠：法国18世纪伟大的启蒙思想家、法学家。他的代表作《论法的精神》，奠定了近代西方政治与法律理论发展的基础。此外，他的作品还有《波斯人信札》《罗马盛衰原因论》等。

满光明和爱心的，因为同情心依然还存在，依然还可以让世界充满爱。

南亚海啸灾难发生后，世界各国人民纷纷解囊相助，中国人也不甘落后，短短几天就捐赠了数十亿元的现金与物资。这次灾难也是对地球村居民同情心的一次大检阅、大洗礼。

这个世界上有很多弱者，他们由于各种原因在生活中失去了独立生存的能力，饱受生活的折磨，如贫穷、年老无依、残疾等。

当我们遇到这种情形的时候，请不要吝啬你的善良，主动伸出自己的同情之手。也许我们一次小小的善举，就能够让他人感受到生活的美好，从而使生命焕发出新的光彩。

发展同情心的意义，在于使人在精神上更加充实、丰富和高尚。相反，如果一个人的同情心从小没得到发展，他身上爱心的源泉就会枯竭，心灵就会变成一片荒漠，就会成为一个没有心肝、冷漠无情的人，从而完全失去在思想品德方面自觉成长的内在根据和动力。

因此，必须时刻唤醒和激活我们心底的同情心，防止同情心的弱化，只有在心灵里播下同情的种子，才能长成仁爱之花！

成长金点子

富有同情心的小方法：

1. 友情的建立是产生爱的基础。因此，我们应对友情小心保护、格外珍惜。

2. 经常去体会帮助人的快乐，这样，同情心和爱心才能够在我们心中真正扎下根来。

3. 爱祖国、爱世界要先从爱父母、爱家庭做起。

小任务

你认为自己是一个富有同情心的人吗？如果是，那么说一说在什么情况下，你会产生同情心？你又是怎么做的呢？

第33天／助人如助己

有个禅宗故事说，一位盲人走夜路时总是打着灯笼，他虽然自己看不到光明，却为其他的路人带来了光明，而这种帮助也使他自己免于受被人撞倒之苦。

点灯照亮别人更照亮自己。由此可以参悟，在生活中与人方便，其实就是与己方便；帮助别人，实际上也就是帮助了自己。

一对疲惫的老年夫妻走进一家旅馆，想订一个房间。

前台侍者回答说："对不起，已经客满了，不过让我来想想办法。"

侍者将他们带到一个整洁又干净的房间，说："也许它不是最好的，但现在我只能做到这样了。"老人们愉快地住了下来。

第二天，当他们结账时，侍者却说："不用了，那不过是我自己的房间——祝你们旅途愉快！"原来侍者自己一晚没睡，他就在前台值了一个通宵的夜班。

几个月后的一天，侍者接到了一封信函，里面有一张去纽约的单程机票并有简短附言，聘请他去管理一个大酒店。

知识万花筒

纽约：1624年建城，位于美国纽约州东南部，隶属纽约州管辖，下辖五个区，是世界上最大的城市。联合国总部也位于该市。作为全世界最大的都会区之一——纽约都会区的核心，它的一举一动无时无刻不在影响着世界。

原来，几个月前的那个深夜，他接待的是一位亿万富翁和他的妻子。富翁深信他会经营管理好这个大酒店。

这就是全球赫赫有名的希尔顿饭店首任经理的传奇故事。

希尔顿饭店如今已经被称为"旅店帝国"，成为世界财贸界巨头乃至国家首脑争相光顾的地方。

这证明那个富翁的眼光确实很准，这个侍者果然能管理好酒店。不过更证明了一个道理：帮助他人，就是帮助自己，会为自己带来机遇。

我们平时所说的"与人方便，与己方便"便是这其中最常见和最表层的含义。

在人兽相搏的血腥的古罗马斗兽场，曾经上演过一次饥饿的狮子救奴隶的奇迹。

那次，在斗兽场上，饥饿的狮子被放了出来。当时，缩在墙角的囚徒罗支莱斯颤抖着拎起长矛，默默地祈祷。狮子看到了墙角的人，大吼一声之后，便迫不及待地猛扑上去。

就在这千钧一发之际，那只狮子突然停止了进攻，并且围着罗支莱斯打起了转转。然后它又忽然停了下来，缓缓地在罗支莱斯身边卧下，温顺地舔着他的手和脚。

原来在一年以前，罗支莱斯在路边发现了一只受了重伤的狮子，他小心翼翼地给狮子包扎了伤口并照料它直到伤口愈合，才送它回到森林。今天在斗兽场里遇见的正是这只狮子。

听完了罗支莱斯的讲述，罗马皇帝也大为感动，立即赦免了他。

难道你不认为真正救罗支莱斯的正是罗支莱斯本人，而不仅是那只不失仁义的狮子吗？正是助人为乐，"种善因，得善果"，让罗支莱斯得到了重生的机遇。

积极入世的基督教也是大力主张用爱心去帮助他人、关心他人的安危苦乐的。《圣经》中说："怜恤人的人是有福人，因为他们必蒙怜恤。"

而他们的不图回报之心似乎比"与人方便、与己方便"更多了几分无私，更让人感动和敬佩，也更值得我们青少年去学习。这一点从欢乐祥和的圣诞节

即可看得明白——

圣诞节不仅代表着耶稣诞生，更代表着向需要帮助的人伸出援手，它提供了很多传扬"善意与人"的机会。因此，圣诞节的精神鼓励人们在许多大大小小的事情上互相帮助。

人类社会是建立在利他和合作的互动关系的基础之上的。主动帮助他人，不但有利于他人，而且也能为自己创造吸引合作和帮助的条件。

有个男孩非常喜欢踢足球，但他买不起球，于是一位足球教练就送给他一个足球。

圣诞节到了，男孩向妈妈要了一把铲子，来到教练别墅前的花圃里，开始挖坑。

教练从别墅里走出来，问小男孩在干什么。

小男孩说："教练，圣诞节到了，我没有礼物送给您，我想给您的圣诞树挖一个树坑。"

教练把小男孩从树坑里拉上来说："我今天得到了世界上最好的礼物，明天你到我的训练场去吧。"

从此，这个男孩与足球结下了深厚的情缘。后来，他终于在第六届足球世界杯上大显神威，为巴西第一次捧回金杯。他就是球王贝利。

以上所述仅仅是"帮助他人"的第一点积极作用，并且带有一定的偶然性，但第二点积极作用，则是必然的——帮助他人，快乐自己。

赠人玫瑰，手留余香！任何人在做了好事之后，都会有种快乐的感觉。

当看到别人因为你的帮助而渡过难关，当看到别人

知识万花筒

古罗马斗兽场：建于公元72至82年间，是古罗马帝国专供奴隶主、贵族和自由民观看斗兽或奴隶角斗的地方。遗址位于意大利首都罗马市中心。从外观上看，它呈正圆形；俯瞰时，它是椭圆形的。斗兽场占地面积约2万平方米，可以容纳近9万观众。

人物博览馆

贝利：巴西人，20世纪最伟大的足球明星之一，被喜爱他的人尊为"球王"。他在足球生涯中共攻进1281个球，四次代表国家队出战世界杯，三次捧得世界杯。1999年，贝利被国际奥运委员会选举为"世纪运动员"。

因为你的帮助而展开紧皱的眉心，当看到别人因为你的援手而露出微笑，当听到别人因接受了你的帮助而感激言谢时，你的心一定会随着他们的快乐而更加舒心！

另外，帮助他人还有着更为重要和巨大的意义——帮助他人，是一种最直接、最有效、可以体现我们自身价值与责任感的方法。

在我们全神贯注帮助他人解决"疑难杂症"的过程中，在悉心呵护照顾他人的过程中，不但我们的无限潜力会因此而不知不觉地充分发挥出来，而且相继而来产生的成就感，也会让人觉得自己任重而道远，并更积极地来面对人生。

帮助别人就是帮助自己，"你快乐，所以我快乐"！

在生活中，我们很容易有帮助别人的机会，那么，请你不要吝啬，不要错过，用你无私的心灵去帮助别人，不要想得到什么回报，或许在你困难的时候就会得到别人的帮助；用你热忱的双手去帮助别人，人生将多几条通往幸福的道路！

成长金点子

帮助别人的小方法：

1.帮助别人做好事，首先要有平常心，只有这样我们才能坚持不懈地做下来。

2.当朋友遇到难处时，挺身而出，设身处地地主动帮忙。

3.帮助他人也要表现在遵守公德上，如上车主动给老、幼、病、残、孕让座。

4.当陌生人遇到困难时，也应提供相应的帮助，但要注意自己的安全，谨防受骗。

小任务

遇到街上行乞的乞丐，你是否伸出过援助之手？看到电视上播出的灾难新闻，你是否捐出了自己的零花钱？尝试着去帮助别人吧，那会让你更快乐。

第34天／爱心无疆界

　　生活中，我们也许会毫不犹豫地将自己的爱给予自己的亲人和朋友，但你是否明白，人与人之间的爱应该是没有条件、无论亲疏、不分地域、不辨种族的。只要是眼看得到、手伸得到、脚走得到的地方，我们都应把握机会，发挥爱的力量，让每个接近自己的人，都有如沐春风的感觉。

人物博览馆

特蕾莎修女：出生于奥斯曼帝国科索沃省的斯科普里的阿尔巴尼亚裔人，她是世界上著名的天主教慈善工作者，主要替印度加尔各答的穷人服务。她一生奉献给解除贫困的事业，于1979年获得诺贝尔和平奖。

　　特蕾莎修女的母亲是一位虔诚的天主教徒，经常慷慨地款待贫民，并于饭桌上称呼他们为客人及亲戚。等到特蕾莎稍大一点的时候才发现这些人并非亲友，而是生活艰苦的贫民。

　　一天，一个老妇人上门乞讨，母亲竟毫不犹豫地将用来准备晚餐的几个便士，全部赠给了这个可怜的老人。

　　当时，特蕾莎极其不理解，站在门旁用惊讶的眼神看着母亲，说："我们今晚吃什么啊？"

　　母亲抚摸着她的头说："孩子，我们一次不吃晚饭没有关系，可是这个可怜的女人，如果再拿不到一个便士，就有可能在这个饥寒交迫的夜里死掉。好孩子，你一定要记住，人要用一颗博大而真诚的爱心去帮助别人，才会得到快乐和心中的安宁。"

在母亲的熏陶下，特蕾莎在成长的过程中，也渐渐学会把爱心的种子播撒进更多人的心田。她从街边捡回弃婴，把流浪汉请到家……

爱心似一颗熠熠夺目的钻石，永远焕发光芒；爱心似一场甘霖，滋润那希冀已久的心田。爱心似一曲生命的摇滚，能够使在人生道路上徘徊踌躇的人坦然前进。

正因如此，当特蕾莎在母亲那种博大而真诚的爱心感染和熏陶下，身体力行地做出许多关怀社会灾害、瘟病事件及弱势人群的公益之举时，不仅被人们由衷地称为"仁慈的天使"，还于1979年被授予诺贝尔和平奖。

是的，爱，这令人陶醉的字眼，创造了多少五光十色、斑斓绚丽的生活花环！酿造了多少甘甜芬芳、醇香四溢的幸福美酒！

一个人爱自己的家人、亲朋好友，算不得什么，因为这是与生俱来、天经地义的，就连坏人也做得到这些；一个人能爱所有的人，甚至爱自己的"敌人"，才是真正的爱。

对于青少年而言，在现实生活中，我们不仅要爱自己的朋友，也应该爱自己的对手；不仅要爱自己的亲人，也应该去爱生活中的陌生人。

只有这样，才能使自己的爱心不致走向较狭隘的一面，才能使人的精神得以升华，才能使社会变得更和谐。

首先，要学会爱你的对手。

"爱你的对手"，这是件很难做到的事，因为绝大部分青少年往往以自我为中心，当看到别人比自己进步，当听到不同的意见或反对的声音时，往往会有打击报复的冲动，至少也会保持一种冷淡的态度，或说些让对方不舒服的嘲讽话。

然而，若深入思考一下，也许就会发现，对手给你压力的同时也给了你竞争的乐趣，对手给你设置障碍的同时也给了你前进的方向，对手给你痛苦的同时更给了你成功的希望，对手给你荆棘的同时更给了你进取的动力。

所以，我们没有必要憎恨自己的对手，而应该主动地把自己的爱心献给那些与自己有矛盾、有争执、存在竞争关系的人，比如，在他艰难的时候伸把手，

在他成功的时候为他送去一点掌声，在他失声痛哭的时候递一块手帕……

当我们的爱心像一缕春风缓缓吹进对方的心中时，无形中就折射出自己宽广的胸襟和高尚的人格，甚至连对手也不得不叹服。

更为重要的是，爱护对手这个行为一旦做了出来，也许就能融化对方心灵上覆盖的坚冰，使大家冰释前嫌，从而为我们自己赢得一个良好和谐的人际关系。

其次，要主动把爱心献给社会上的陌生人。

我们经常见到这样的一幕：在繁华的街市中跪着一个衣衫褴褛的小孩，脖子上挂着一张"我想上学"的纸牌，前面用粉笔写着自己的身世，许多好心人看到这种场景都会慷慨地伸出援助之手。

可也许有些青少年会认为这是骗人的，唾弃、鄙夷之色溢于脸上。

试问，当我们在风雨中呻吟时，最渴望得到什么？

当我们在暗淡的阴影下饮泣时，最渴望得到什么？

是爱，是爱的扶助、施舍和拥抱！

一个会心的微笑、一些微不足道的赠与、一个温暖的拥抱，都会让寒冷的心变得温暖，让黑夜不再漫长！

英国著名的文学家狄更斯说："如果我能弥补一个破碎的心灵，我便不是徒然活着；如果我能减轻一个生命的痛苦，抚慰一处创伤，或是令一只离巢的小鸟回到巢里，我便不是徒然活着。"

对于那些不幸或不健康的陌生人，我们不应该只是同情和怜悯，也不应该只是祈祷和祝福，更不应该鄙弃

知识万花筒

诺贝尔和平奖：由瑞典发明家阿尔弗雷德·诺贝尔所创立的五个诺贝尔奖中的一个，评选工作由挪威诺贝尔委员会负责，在奥斯陆颁发。根据诺贝尔的遗嘱，和平奖应该奖给"为促进民族团结友好、取消或裁减常备军队以及为和平会议的组织和宣传尽到最大努力或作出最大贡献的人"。

人物博览馆

狄更斯：19世纪英国批判现实主义小说家。他的小说注重描写生活在英国社会底层的"小人物"的生活遭遇，深刻地反映了当时英国复杂的社会现实。代表作品有《匹克威克外传》《雾都孤儿》《艰难时世》等。

和漠视，而应该伸出一双有血有肉、充满了温暖的双手给予帮助！

通过给口渴的人递送一瓶水、给可怜的乞丐一些钱、为一个陌生人指路、帮助盲人过马路、给遭受自然灾害的人捐献一些钱物等行为来表达我们的爱心，既能为受难的人们抚平伤痕，使另一个生命重新点燃希望的火花，也能为自己的人生画卷涂上了一笔浓墨重彩，写下"爱心无疆界"的动人诗篇！

成长金点子

拥有爱心的小方法：

1.首先，我们应该爱自己的亲人和朋友，回报他们对我们的关心和爱护。

2.平时应养成节俭的习惯，把自己节俭下的零用钱捐给需要帮助的人。

3.有空时可以去看望残疾人、孤儿以及孤寡老人，并自主地对他们进行帮助和照顾。

4.真正的爱心是不求回报的。我们所要做的就是始终如一地坚持奉献自己的爱心。

小任务

扶老人过马路、为外地人指路、在公车上为不方便的人让座……帮助别人，试着从一点一滴的小事做起。真正的爱心是没有疆界的。

第35天／把虚荣放在适当的位置

社会心理学家的大量研究表明：当一个社会的国民有了较高的社会动机，那么，该社会的发展速度就会快一些。

因此，我们大可不必忌讳"功名"二字，关键是在追求的过程中赋予它积极向上的内容和正当合理的形式。

1942年，《上海日报》在上海发起竞选"电影皇后"的活动。结果，栖身歌、影两坛的"金嗓子"周璇，以绝对的优势当选为1941年度的"电影皇后"。公告就发布在《上海日报》的电影专刊上。

不过，这位当事人并不知晓此事，她从走街串巷的报童的叫卖声中才惊悉这份殊荣的降临。看着报纸上醒目的大字，周璇漠然一笑，随即便提笔写下了一条启事：

"顷阅报载，见某报主办1941年电影皇后选举揭晓广告内，附列贱名。周璇性情淡泊，不尚荣利，平日除为公司摄片外，业余唯以读书消遣，对于外界情形极少接触。自问学识技能，均极有限，对于影后名称，绝难接受，并祈勿将影后二字涉及贱名，则不胜感荷。敬希亮鉴。此启。"

人物博览馆

周璇：中国最早的两栖明星。作为一代歌后，她是国语流行歌曲史上一个金字招牌，被誉为"金嗓子"。歌曲代表作品有《四季歌》《天涯歌女》《夜上海》等。作为影后，她是典型的感觉派明星，表演生动自然。电影代表作品有《马路天使》《风云儿女》等。

面对从天而降的"电影皇后"殊荣，作为演员的周璇却不愿接受，相信这样的事也只能发生在 20 世纪了。如今的影星、歌星都在为了各种大奖、各种荣誉奋力搏斗。

"四大天王""四小天王""歌坛天皇""影坛天后"等气势不凡、威风凛凛的称号似乎人人都有一个，演艺圈的光怪陆离犹如武侠小说中的世界。

世间有百态，莫不尽皆表现在对待功名的态度中——

其一，有人追求，"求之不得，辗转反侧"。

熟悉金庸作品的人一定还记得《侠客行》中的雪山派掌门白自在，他为自己取了一个颇长的名号——天下武功第一、拳脚第一、内功第一、剑法第一的大宗师、大豪杰、大英雄。

《鸳鸯刀》中一个小喽罗的名号也可与之一拼：八步赶蟾、赛专诸、踏雪无痕、独脚水上飞、双刺盖七省盖一鸣！

这样的名号任谁听了也无法不笑，即使再想流芳千古、名垂青史，也不必起如此长的名号吧？谁能记得住？谁又能承认呢？

其二，有人厌恶，对功名"得而弃之"。

周璇就是一例。

台湾建省后的第一任巡抚——刘铭传，青少年时，功名心颇重，他曾在家乡的大潜山上叹道："大丈夫当生有爵，死有谥"。

可是当他"功成名就"后，却逐渐心生厌倦，经常在诗中写道："三十人为一品官，多少憎忌少人欢。""官场贱武夫，公事多掣肘。""为嫌仕宦无肝胆，不惯逢迎受折磨。""解甲回乡去，入山种翠微。""莫如归去好，诗酒任疏狂。"

其三：有人淡漠，反倒"不求而得"。

功名权利有时仿佛就是小狗身后的尾巴，当你越是追逐就越得不到，尽管有时只是近在咫尺；而当你不去看它、不去想它，一心往前走时，它却和你形影不离。

难道不是吗？我们回想一下，古今中外被人们所牢记和歌颂的名人，有很

多就是视功名为浮云、一心追求自己的目标、最终取得巨大成就的人。他们虽然没有追求功名，却不仅名垂青史，更永远留在了人们的心中。

若能淡漠名利、看淡虚荣、轻视权势，必定胜人一筹，这样的人总能让人崇敬不已。

其实，轻名薄利，固然难能可贵，但却仍非最高境界。

最高境界则是其四：无所谓求与不求，得与不得，功名木就是一个"无"字。

金庸先生曾在《神雕侠侣》中借黄药师之口感慨道："有的人心中对名是'求'，有的人心中对名是'重'，有的人心中对名是'轻'，有的人心中对名是'恶'，可这些终归是有，对名的最高境界却是'无'。"

其实，功名这个概念很不好掌握。多少年以来，获得功名、追求功名一直是我们批判的对象，将它作为个人主义、利己主义的代名词。

不过仔细想想，这种将功名一概而论、一棍子打死的做法，似乎并未收到良好的效果。到了价值观多元化的今天，这些情况似乎已不完全符合我们的社会和生活了。

那么功名到底是什么？我们青少年朋友到底是该"求"，还是"不求"呢？

功名就是通过自己的努力在某一领域或某一方面获得较为优胜的社会地位、领导地位，获得一般人难以获得的一种荣誉，获得一般人得不到的称赞和奖赏，所以，有了功名，就可能当官，就可能有一定的社会地位、权力，就有较高的威信，就会有较大的影响力。

人物博览馆

金庸：原名查良镛，华人最知名的武侠小说作家，香港《明报》创办人。他的武侠小说代表作有《倚天屠龙记》《神雕侠侣》《天龙八部》《鹿鼎记》等。

刘铭传：清代洋务派骨干、台湾第一任巡抚。他带领台湾军民打退了法国舰队的进犯，练洋操、修铁路、建台省，为台湾的现代化做出了突出贡献，被称为"台湾近代化之父"。

而功名也该是可求的。

毕竟世上的人大多都是凡人，追求功名、权势、财富也是人之常情，即使读书人讲求风骨，也需要起码的功名来支撑。功名利禄太少，一箪食，一瓢饮，饿得皮包骨，还能有什么作为？

但是，追求功名也不能过了头，否则总能让人做出一些愚蠢可笑的事，也就更谈不上展现什么风骨和气度了。因此，这界限的拿捏，关键在于能否掌握平衡。

一个人学识很深，在事业上很有造诣，然而却不计较个人的得失，给他官当他不当，给他名利也不要，将功名利禄统统看做是身外之物，醉心于学问，埋头干工作，这样的精神才是真正的淡泊功名。

当然，这样的境界并非人人都能达到，况且功名对人的进步也具有一定的推动作用：努力当一个好元帅、当一个好领导、当一名优秀的工程师、当一名出色的科学家、当一名能创造世界纪录的运动员……这些毕竟都是好事。

我们青少年正处在人生路上的起始点，一定要在心中对这个问题有明确的理解，才会更好地走好今后的人生之路。

成长金点子

正确对待功名的小方法：

1. 要通过自己的努力、奋斗、拼搏去实现自己的功名。

2. 追求功名不宜操之过急，不能急功近利，不能见利忘义。

3. 任何功名的获得仅仅意味着过去的结束，新的开始，人不能躺在过去的功名簿上，应该"不吃老本，要立新功"。

小任务

你有当班干部的经历吗？你想不想当班干部呢？说一下你对功名的看法。

年　月　日

第36天／选择豁达

人生有时真的需要那么一点点傻。不在意的功夫做得好，其实是门大学问。倘能做好这门学问，我们一定会拥有一个幸福美妙的豁达人生！

一日，著名书法家启功和几个朋友路过一个专营名人字画的铺子，正碰上一人在卖模仿他的字画，并称启功是他的老师。

于是一朋友转身问启功："启老，你有这个学生吗？"

作伪者一听，刹那间陷于尴尬恐慌和无地自容之境，哀求道："实在是因为生活困难才出此下策，还望老先生高抬贵手。"

启功宽厚地笑道："既然是为生计所迫，仿就仿吧，可不能模仿我的笔迹写反动标语啊！"

那人低着头说："不敢！不敢！"说罢，一溜烟地跑走了。

同来的人说："启老，你怎么让他走了？"

启功幽默地说："不让他走，还送人家上公安局啊？人家用我的名字，是看得起我，再者，他一定是生活困难缺钱，他要是找我借，我不是也得借给他吗？当年的

人物博览馆

启功：中国当代著名书画家、古典文献学家、鉴定家、诗人。主要代表作有《启功丛稿》《启功韵语》《古代字体论稿》等。

文征明、唐寅等人，听说有人仿造他们的书画，不但不加辩驳，甚至还在赝品上题字，使穷朋友多卖几个钱。人家古人都那么大度，我何必那么小家子气呢？"

启老的襟怀比之古人，可以说是有过之而无不及。经过无数人生砥砺的启功大师，不但在艺术上取得了非凡的成就，也在心灵上步入了大彻大悟的豁达之境。

所谓豁达之境，就是一种"身心无挂碍，随处任方圆"的大气和洒脱，是人生的一种明智选择——选择随性、率真和一切简单，抛弃固执、做作和计较。

选择豁达，就是要理解豁达、学会豁达，才能自然地进入豁达。

首先，我们要学会对一些事情不在意，才能通向豁达之境。

不在意，就是别总拿什么都当回事，别去钻牛角尖，别太要面子；别事事"较真""小心眼"；别过于看重名与利的得失；别那么多疑敏感，总是曲解别人的意思；也别像林黛玉那样见花落泪、听曲伤心、多愁善感、顾影自怜……

当然，不在意并不等于逃避现实、麻木不仁，也不是看破红尘后的精神颓废和消极遁世，而是在奔向人生大目标的途中所采取的一种洒脱、豁达、飘逸的生存策略。

其次，想要通向豁达之境，我们还要懂得放弃，懂得挣脱欲望的束缚、抛弃欲望的牵绊。

在阿尔及尔地区的长拜尔，当地的农民发明了一种巧妙的方法来捕捉偷食大米的猴子。

农民们把一只葫芦型的细颈瓶子固定好，系在大树上，再在瓶子中放入大米。到了晚上，猴子们来到树下，见到瓶子里的大米，就把爪子伸进瓶子里去抓大米。这瓶子的妙处就在于猴子的爪子刚刚能够伸进去，等它抓到一把大米后，爪子却怎么也拿不出来了。

贪婪的猴子绝不可能放下已到手的大米，这样，它的爪子也就一直拿不出来，只能死死地待在瓶子旁边。直到第二天早上，农民把它抓住的时候，它依然不会松开爪子。

人从猴子进化而来，当然要比猴子聪明。可如果把大米换成金钱、美女、权力等充满诱惑力的东西，又会怎样呢？恐怕有些人未必比猴子聪明，也是免不了要上当的。

我们青少年也常常不由自主地陷入一些不必要的物质、精神欲望之中，在得与失之间痛苦地挣扎，如一定要吃好、穿好、过舒适的生活，一定要考第一名……

人的生活固然离不开一些物质，离不开一些需求，可若是把自己的生活，乃至生命都紧紧地与一些物质、权力的欲望捆绑在一起时，就难免会做出一些冒险的、甚至是违纪违法的事，早晚会像猴子一样被人逮个正着。

何不换一种方式来对待欲望呢？如为什么一定要事事争第一呢？的确，每个人都期望得第一，可第一只能有一个。但你若愿意换个角度来看，做个"另起一行"的第一，那每个人就都是第一了，这样，这个世界便少了许多莫名的纷争，不是也很好吗？

最后，通往豁达之境，我们还要学会自我解嘲，学会体会和运用幽默。

观察分析一个心胸豁达的人，我们往往会发现，他的思维习惯中有一种自嘲的倾向。这种倾向，有时会显于外表，表现为以幽默的方式摆脱困境。

里根总统访问加拿大时，在一座城市发表演说。在演说过程中，有一群举行反美示威的人不时打断他的演说，明显地显示出反美情绪。

里根是作为客人到加拿大访问的，碰上这种不欢迎的场面，难免有些尴尬。作为主人的加拿大总理皮埃尔·特鲁多，对这种无理的举动更是感到非常尴尬。

面对这种困境，里根面带笑容地说："这种情况在美国经常发生，我想这些人一定是特意从美国来到贵国的，可能他们想使我有一种宾至如归的感觉。"

此语一出，二人的尴尬不禁都随着微笑而消融了。

我们青少年在生活、学习中也总是会遇到一些让自己或他人感到尴尬的事，很多人因为没有处理这些问题的经验而不免感到颜面尽失、窘态百出。而自嘲和幽默，正是一种我们非常需要掌握的生活和处世的智慧！

要摆脱尴尬、走出困境，需要极大的努力，但自嘲却为豁达者提供了一条逃遁出去的轻而易举的途径——那些包围我们的，本来就不是我们的敌人。于是，尴尬或困境，就在概念上被取消了。

要进入豁达人生的境界，固然需要岁月的洗礼和磨砺，但也同样需要我们在历经世事磨炼中不断加强学习，才能为漫长的人生做出简单而明朗、丰富而快乐的选择！

成长金点子

使自己豁达的小方法：

1. 学会不在意，乃是不争之争、无为之为。这样的大智若愚，才会令人生其乐无穷！

2. 不要过度的执着和迷恋某事物，那会让我们失去对生活的平和之心。

3. 学会运用幽默，学会自嘲，这样生活会变得轻松和有趣许多。

小任务

你认为自己是一个斤斤计较的人吗？如果是，那么反省一下自己过往的做法，努力学着不在意、不迷恋，做一个豁达的人吧。

年　月　日

第37天／要勇于开拓

戴尔·卡耐基说："要冒一火险，整个生命就是一场冒险。走得最远的人，常是愿意去做，并愿意去冒险的人。"

在人生道路上，只有不断冒险，向前探索，做一名开拓者，才能有所突破，取得更大的成就。

切默季尔是一位肯尼亚山区的农妇，当她和丈夫为无法供4个孩子上学而一筹莫展时，她脑中突然灵光一闪：不如去练习马拉松！

当地一直盛行长跑运动，且名将辈出，若是取得好名次，会有不菲的奖金。她还是少女时，曾被教练相中，但因种种原因未果。

可这一决定未免过于大胆了，如今她已27岁，没有足够的营养供给，从未受过专业基础训练，凭什么取胜呢？

冷静之后，她有些胆怯了。可是除此之外别无他途，如果连尝试的勇气都没有，那就永无改变的可能。丈夫最后也同意了她大胆的"创意"，从此，她开始了艰难的训练。

一年后，在高手如云的国际马拉松比赛中，全世界

知识万花筒

肯尼亚：非洲东部国家。东邻索马里，南接坦桑尼亚，西连乌干达，北与埃塞俄比亚、苏丹交界，东南濒临印度洋，海岸线长536公里。境内有基里尼亚加峰，海拔5199米，为非洲第二高峰。全境位于热带季风区，但受其地势较高的影响，为热带草原气候，降水季节差异大。

都震惊了：冠军竟是业余选手——27 岁的切默季尔，肯尼亚的一名农妇！

这真是不可思议，但是谁都不得不承认，这一尝试便为切默季尔的家庭带来了一条崭新的"致富"之路，从而挽救了 4 个孩子的学业，为整个家庭带来了光明的前途。

德国心理学家霍尔曼说："任何困难都会向勇于开拓的进取者低头。"

切默季尔便是这样一个勇于开拓的进取者，她虽然自己很贫穷，生活困苦，却不甘心让孩子也得不到教育，继续贫穷下去。她渴望让孩子接受好的教育，渴望让孩子脱离贫苦的生活。

而要做到勇于开拓，首先必须要敢于冒险、敢于尝试。

有一家人很穷，于是决定乘船去别的地方发展。妻子为旅途准备了一些干面包。可是到了船上，孩子们看到豪华餐厅里有许多的美食，都忍不住向父母哀求，希望能够吃上一点。但是父母不希望自己一家人被人看不起，所以干脆不让孩子们看到那些美食。

旅途还有两天就要结束时，他们的干面包已经吃光了，做父亲的只好去求服务员赏给他们一家人一些剩饭。听到父亲的哀求，服务员吃惊地说："为什么你们不到餐厅去用餐呢？只要是船上的客人都可以免费享用餐厅里的所有食物！"

谁看了这个故事都会感到一丝惋惜，并会不由得在心里问："为什么他们不去尝试着到餐厅去问问就餐情况呢？"

他们不去问船上的就餐情况，最根本的原因是他们没有去问的勇气，因为他们在脑子里早就为自己设了一个限——穷人不可以到豪华的餐厅里享受美味的食物，于是他们就错过了十几天享受美食的机会，而且还失去了一次对美妙旅途的享受。

生活和工作中，由于没有勇气尝试而无法获得成功的事情其实又何止这些？而且由于勇气不足而错过机会给人们造成的损失又岂是我们所能想得到的？

很多青少年，总是抱怨上天不赋予自己成功的机会，感慨命运总是捉弄自己。其实机会就在我们身边，只是因为我们害怕困难和挑战而自行放弃了，而这些

机会一旦丧失，就很难重新拥有，这也正是那些怯懦软弱者总是无法成功的原因。

很多时候，只要我们积极地尝试过、努力过，纵然没有取得成功，但我们毕竟拥有过为了目标而奋斗的经验，而且我们的精神意志也会在不断的尝试过程中逐渐得到锻炼和提升。

其次，勇于开拓还必须要有创新精神。

华罗庚说："如果没有独创精神，不去探索更新的道路，只是跟着别人的脚印走路，就总会落后别人一步；要想赶过别人，非有独创精神不可。"

创新，不仅是一种意识、一种能力，更是一种勇气、一种开拓进取的精神。

时代是在不断向前飞速发展的，我们青少年在工作、学习、生活中，要有不断地推陈出新的创新意识。没有推陈出新，世界就不会日新月异，不会发展前进。而人也只有生活在充满新意的环境中，才能有所发明、有所创造、有所作为。

我们青少年要勇于创新，勇于提出自己的新观点、新主张。创新能力是当代青少年必备的能力之一，只能随波逐流的人，永远不会取得傲人的成就，也无法让自己的人生精彩。

最后，勇于开拓就是要一路奋进、迎难而上。

人生犹如"逆水行舟，不进则退"，不要奢望安逸度日，我们只能不断地拼搏奋斗、一路奋进。

若想拥有辉煌的人生，就要不断进取，只有进取才能给人带来发展，只有进取才能让人更加自信，只有进

人物博览馆

华罗庚：享誉世界的著名数学家，中国解析数论、矩阵几何学、典型群、自安函数论等多方面研究的创始人和开拓者。他的主要代表作品有《堆垒素数论》《优选学》《高等数学引论》《从杨辉三角谈起》等。

知识万花筒

逆水行舟，不进则退：意为逆着水流的方向行船，不努力向前就会后退。比喻人不努力向上就会后退。出自清代梁启超的《莅山西票商欢迎会学说词》："夫旧而能守，斯亦已矣！然鄙人以为人之处于世也，如逆水行舟，不进则退。"

取才能让人生的希望不再渺茫，从而让自己走上新的发展道路。

而要想进取，就必须不断地拼搏奋斗，必须付出常人不愿意付出的辛劳，必须脚步不停、踏踏实实地向前走。

然而，现在的一些青少年，却瞧不起认认真真学习、勤勤恳恳工作的人，觉得那样太愚蠢，太无能。他们觉得那是一种过了时的行为，认为只要有聪明的头脑就够了。

这样的人，眼光很高，可结果却是大事做不了，小事又不屑于去做。处于眼高手低的状况，却不肯虚心学习、踏踏实实工作。

然而，没有踏实的态度、勤奋的行动又怎么可能进取，怎么可能开拓呢？

在人生中，我们常会陷入困境，当"山重水复疑无路"时，我们是止步不前、坐以待毙，还是寻寻觅觅，为自己重新开疆拓土，寻找出路呢？

答案只有一个：我们必须去开拓，出路才会出现！

成长金点子

不断开拓的小方法：

1. 不要害怕冒险与尝试，只有敢于做第一个吃螃蟹的人，才能给自己多一次成功的机会。

2. 创新精神是必不可少的，遇到任何问题时，不妨多想几种解决的方法。

3. 无论创新还是冒险，都不是空谈，而要付诸实际行动，更要勤奋、踏实。

小任务

你有尝试去做一件你从来没有做过的事的经历吗？最终的结果是成功还是失败呢？讲一讲你的感受吧。

第38天／最好的永远在下一个

"逆水行舟用力撑，一篙松劲退千寻。"生命本身就是一个不断进取的过程，绝不要轻易、草率地熄灭希望的火种，而留下残缺和无限遗憾。

要时刻记得：最好的永远在下一个。

巴西著名足球运动员贝利初涉足坛时，在一次比赛中，他从己方禁区带球穿过全场晃过对方包括守门员在内的全部防守队员，从容破门，不仅令万千观众心醉，而且让球场上的对手也拍手称绝。

赛后，贝利被记者们团团围住。其中一位记者问："贝利先生，在您的进球中，您认为哪一个踢得最好？"

贝利不假思索地说："下一个。"

而当贝利在足坛上大红大紫，成为世界著名球王，已踢进1000个球以后，记者又问他同样的问题："您哪个球踢得最好？"

贝利笑了，意味深长地说："下一个。"

记者们先是一愣，随即爆发出热烈的掌声。

巴西足球运动员贝利一生踢进1200多个球，两次荣获"世界球王"的美称，使得世界无数球迷为之倾倒。

知识万花筒

逆水行舟用力撑，一篙松劲退千寻：指逆水行舟的时候，用竹篙撑船，稍微一松劲，就会后退很远的距离，所以一定要加倍努力撑船。也就是指人在做事情的时候如同逆水行舟，不进则退，千万不能松懈。寻，古代长度单位。出自董必武《题赠〈中学生〉》。

最好的永远在下一个。

　　然而，当记者问他哪个球踢得最精彩时，他却毫不犹豫地回答："下一个！"

　　听到这风趣的回答，有人也许会哑然失笑，但细细体会，贝利的话并非戏言。简短的三个字却道出了他成功的秘诀，揭示了一个平凡而又深刻的真理：

　　在迈向成功的道路上，每当我们实现了一个近期目标，绝不应自满，而应相信最好的永远都在下一个，应把原来的成功当成新的起点，应有一种归零的心态，才能不断地攀登新的高峰，才能获得成功者无穷无尽的乐趣。

　　然而，现实生活中总有一些青少年认为，经过不断的努力，终于取得了好的成绩，考上了理想的学校或找到了合适的工作，长久以来的夙愿终于达成，可以享受一下安逸的生活了。正是由于类似的目光短浅、心胸狭隘，他们便整天无所事事、饱食终日；而正是这种庸庸碌碌和不思进取的态度，让他们荒废了大好年华。

　　纵观古今中外的历史，我们可以清楚地看到，大凡在事业上有所作为的人，哪一个不是怀着强烈的进取心执着地追求着自己精彩的"下一个"呢？

　　众所周知，爱迪生一生有2000多项发明创造，为人类的物质文明做出了重

大贡献。如果他在第一项发明成功之后，便靠回忆、欣赏自己以往的成绩过日子的话，"世界之光"也许现在还是蜡烛、油灯吧。

著名画家毕加索在年轻时代就已蜚声画坛，但巨大的荣誉和声望没有使毕加索满足已有的风格和成就，即使到了垂暮之年，他仍像"一位终身没有找到他的艺术风格的画家，千方百计寻找完美的表现手法"，在艺术上孜孜不倦地探求、进取。

在他92岁逝世时，人们还敬佩地称他为"世界上最年轻的画家"。

近代科学巨匠牛顿更是明确地指出："我自己认为，我不过就像一个在海边玩耍的小孩，为不时发现比寻常更为光滑的一块鹅卵石或比寻常更为美丽的一片贝壳而沾沾自喜，而对于展现在我眼前的浩如烟海的真理的海洋，却全然没有发现。"

这是多么谦虚的胸怀！正是他不满足已有的"这一个"，才能在力学三大定律的确立中做出卓越的贡献。

同样，我国天文学家何香涛在"北天"发现了71颗类星体样品后，没有满足已取得的成绩，又在北半球看不到的"南天"一个区域，从几十万颗各种类型的天体中发现了1093颗类星体样品，成为世界上发现类星体最多的人，这一史无前例的伟大成就使外国天文学家佩服得五体投地。

这些伟人的事迹赋予贝利的"下一个"以丰富而深刻的内涵，而处于这个时代的青少年，又有什么理由安于现状、不思进取呢？

人物博览馆

何香涛：北京师范大学教授、中国天文学会第五届常务理事、国际天文学会会员。他从事天体物理学的研究，改进了发现类星体的无缝光谱法。撰有论文《室女座星系团区内的类星体研究》《白矮星的光度函数与赫罗图》等。

阅读小感悟

其实，取得一次成功，获取一些成绩，对于一个人来说或许并不是一件困难的事。但是，只有不断地超越自己已取得的成绩，向"下一个"目标迈进、向更新的领域拓展，才是最难能可贵的。

因为只有这样，我们才有勇气和动力在崎岖的人生路上不断登攀，才有可能领略到那险峰上的无限风光，才能真正做到临成功无裹足不前之心，遇失败无消极沉沦之意，才能使不断进取成为得到安逸生活的保证书。

当然，从古至今，浅尝辄止、不思进取者也不乏其人。他们眼前全是"这一个"，心中缺少"下一个"。事实证明，这种人不可能有什么大作为，而只能昙花一现，早晚必将被时代的潮流淘汰。

法国著名作家大仲马在完成了小说《基督山伯爵》后，曾名噪一时。他被成功所陶醉，从此放纵了自己，不思进取。结果，天才的创作火花未能继续闪烁。

如果他继续勤奋笔耕，我们坚信他会硕果累累，创造出更为辉煌的成就。

可见，一些人不能取得更大的成功往往就在于他们取得一点点成绩后就沾沾自喜、不思进取或故步自封，只是躺在成绩上睡大觉。而只有那些胸怀宽广、抱负远大、永远进取的人，才会从一次成功走向另一次成功。

每一位青少年都应该把以往学习、工作中所取得的成绩融入到今天的奋斗中，只有这样，我们才能"百尺竿头，更进一步"；只有这样，才能推动我们的生命之舟迎着惊涛骇浪向"下一个"更加宏伟的目标驶去；只有这样，我们才能以不息的跋涉、负载重荷的身躯谱写壮美的人生篇章！

成长金点子

追求"下一个"的小方法：

1.学习上，我们应该不断前进，勇攀高峰，不断克服困难，拼搏到底，绝不服输。

2.要正确估计自己的能力，制订符合自身实际情况的目标，使自己能不断超越。

3.不要斤斤计较眼前的痛苦和得失，培养自己积极向上的进取精神和乐观的生活态度。

小任务

你的上一次考试成绩怎样？无论好与不好，都不要在意眼前的得失，期待最好的"下一次"吧。

第39天／习惯要从小事中培养

美国心理学家詹姆斯说："我们从清晨起床到晚上睡觉，99%的动作，纯粹是下意识的、习惯性的。穿衣、吃饭、跳舞，乃至日常谈话的大部分方式，都是由不断重复的条件反射行为固定下来的千篇一律的东西。"

大哲学家柏拉图有一次就一件小事毫不留情地训斥了一个小男孩，因为这个小男孩总在玩一个很愚蠢的游戏。

小男孩不服气地说："您在为一点鸡毛蒜皮的小事谴责我！"

"但是，你经常这样做就不是鸡毛蒜皮的小事了。"柏拉图回答说，"你会养成一个终身受害的坏习惯。"

柏拉图绝不是小题大做，偶尔玩一次愚蠢的游戏确实无足轻重，但经常做就会成为习惯，就会终身受害。

正如美国著名教育家曼恩所说："习惯仿佛一根缆绳，我们每天给它缠上一股新索，要不了多久，它就会变得牢不可破。"

所以，在现实生活中，我们必须做个"有心人"，从不起眼的小事抓起，用"勿以恶小而为之，勿以善小而不为"的古训来监督并约束自己的言行，才能消除滋

人物博览馆

詹姆斯：全名威廉·詹姆斯，美国本土第一位哲学家和心理学家，美国机能主义心理学派创始人之一。1875年，他在美国建立了第一个心理学实验室。他的代表作品为《心理学原理》。

生坏习惯的土壤，才能使自己拥有受用终身的好习惯。

首先，勿以善小而不为。

所谓习惯，就是经过重复练习而巩固下来的思维模式和行为方式。也就是说，习惯就是由一点一滴、循环往复、无数次重复的行为养成的。

纵观天下，大凡成功的人士，并非扶摇直上，而是从每一件小事，一点一滴做起，不断培养自己良好的思想、行为习惯，最终方成大器的。

李四光以一丝不苟的工作习惯著称，这与他年轻时就锻炼自己每步走 0.8 米这类的小事不无关系。

朱德认为，饭前走动能增进食欲，所以，他每天吃饭在食堂吃，不管刮风下雨、严寒酷暑，从不将饭打回宿舍或办公室，久而久之，这成了他的一个雷打不动的生活习惯。

可见，好习惯是由一件件小事、琐事"编织"成的，我们要培养好习惯，就应先从一些学习、工作和生活上的小事做起，坚持下去必能受益。

比如，我们要养成良好的卫生习惯，就要从睡前刷牙、饭前便后洗手、勤换内衣、勤洗澡、勤剪指甲、勤理发等小事上做起；

要养成文明礼貌的好习惯，就要从不说粗话、脏话，不骂人，不带口病，和别人交往时态度和气，不给别人取外号，不嘲笑别人的缺点和生理缺陷等小事上做起；

要养成热爱劳动的好习惯，就要从收拾碗筷，扫地，抹桌，倒垃圾，洗自己的手绢、袜子和衣服等小事上做起；

要养成勤奋学习的好习惯，就要从不旷课、不迟到、不早退、拿齐学习的用品、上课认真听讲、不做小动作等小事上做起。

"不积跬步，无以至千里，不积小流，无以成江海。"只有脚踏实地从身边点点滴滴的小事做起，才能为好习惯的形成铺平道路，使之成为顺理成章的事。

其次，勿以恶小而为之。

1786 年的一天晚上，法国国王路易十六的王后来到巴黎戏剧院看戏，全场

观众全部站立，一片沸腾。

当剧场将要恢复安静时，观众中有个叫奥古斯丁的年轻公爵，自以为风流倜傥，他站起来向王后吹了两声很响的口哨。

国王路易十六知道此事后，勃然大怒："哪里来的毛头小子，竟敢调戏王后！"便命令把奥古斯丁抓起来。未经过任何审判程序，年轻的公爵就被关进了监狱。

直到 1836 年，已经 72 岁的奥古斯丁才被释放。奥古斯丁只因吹了两声口哨，竟换来了 50 年的牢狱之灾。

我们常常对一些大的、能危害到我们生命的、威胁我们学业的因素提高警惕，但对一些小的，如迟到、泡网吧、吹口哨、随地吐痰、说两句粗话或一个小小的谎言等小事采取无所谓的态度。

殊不知，正是这些被我们认为"无所谓"的区区小事，却能腐蚀一个人的灵魂，日积月累，就会从量变导致质变，从而引发不良习惯的产生，给我们带来不小的负面影响。

比如，有的青少年小时候拿母亲皮包里的钱去买零食吃、把同学的小玩具拿回家中据为己有等，他们认为："自己只是小偷小摸，只是拿家里和同学的东西，何必大惊小怪呢？"

"小来偷针，大来偷金。"这种错误的认识不但会使我们从小就开始养成小偷小摸的不良习惯，而且也为这种不良习惯的存在找到了理由或借口，使我们在长大后也改变不了这些坏毛病，最终走上违法犯罪的道路。

又比如，有的青少年认为偶尔打一次麻将只是玩玩，

人物博览馆

李四光：中国著名地质学家。他创建了地质力学。20 世纪五六十年代，李四光组织勘探人员先后发现了大庆、胜利、大港、华北、江汉等油田，帮助中国摘掉了"贫油"的帽子。代表作品有《地质力学之基础与方法》《地质力学概论》等。

路易十六：法兰西波旁王朝复辟前最后一任国王。1793 年，法兰西第一共和国成立后，人民迫切要求处死路易十六。最终，路易十六于 1793 年被推上断头台。

消磨时光而已；或者以为有些大人也在玩，我们为什么不能玩呢？

然而，"习惯之始如蛛丝，习惯之后如绳索"，也就是说，习惯在最初是很不起眼的，往往感觉不到，但久而久之会变得很顽固，想改也改不掉，会影响一个人的一生。

尤其是对于自制力比较差的青少年来说，如果我们放松自身要求，认为打麻将属于个人生活小节而不加节制，多次反复后便会被赌博的恶习缠住，从而使自己越陷越深。

所以，无论什么时候，我们都不要小看那些不起眼的细节，更不要以为偶尔抽一支烟、偶尔打一次麻将等是无关紧要的小事，这往往是养成不良习惯的开端。

列宁说："要成就一件大事业，必须从小事做起。"如果把人生比做一个金字塔，那么构成金字塔塔基的，恰恰是我们所做的每件小事以及做事的细节。因此，就让我们从关注小事入手，培养自己良好的习惯，为我们健全人格构筑巩固的基础吧！

成长金点子

做好小事的小方法：

1.保持好习惯，改掉坏习惯，对于不具备的好习惯要悉心培养。

2.要统筹安排、分清主次、明确先后，有步骤地去培养好习惯。

3.做好小事情的秘诀就是每一次不要将目标定得太难，但要每天坚持做，这样能逐渐战胜惰性。

4.在现实社会中，要自觉拒绝不良诱惑，远离形形色色不健康的东西，这是培养好习惯的重要一环。

小任务

你认为自己身上养成了什么习惯呢？哪些是好的，哪些是不好的？要保持好习惯，改掉坏习惯。

第40天／合作使我们事半功倍

人是社会的人，我们每个人都不可能孤立地生存在这个世界上。一滴水只有融入大海才不会干涸，我们也只有融入合作的氛围中才能更快地接近成功。

有一次，闻一多先生给学生上课，他走上讲台，先在黑板上写了一道算术题：2+5=？

然后，闻一多先生问道："大家谁知道 2+5 等于多少？"

学生们有点疑惑不解地回答："等于 7 嘛！"

闻先生说："不错，在数学领域里，2+5=7，这是天经地义的。但是，在艺术领域里，2+5=10000 也是可能的。"

说到这里，他拿出一幅题为《万里驰骋》的国画给学生们欣赏。

画面上突出地画了两匹奔马，在这两匹奔马后面又错落有致、大小不一地画了 5 匹马，这 5 匹马后面便是许多影影绰绰的黑点了。

闻先生指着画说："从整个画面的形象看，只有前后 7 匹马，然而，凡是看过这幅画的人，都会感到这里

人物博览馆

闻一多：中国现代诗人、学者、民主战士。他是新月派代表诗人，代表作品有《红烛》《死水》等，均收录在《闻一多全集》中。

有万马奔腾，这难道不是 2+5=10000 吗？"

真是一幅奇妙的画！如果没有前面那 7 匹马，任凭后面有多少黑点，也无法体现出万马奔腾的效果；但若没有后面的小黑点，前面的马画得再好，也不过就是 7 匹马而已，永远无法表现出浩浩荡荡的震撼气势——由此可见，组合所产生的力量是无穷的！

其实，组合只是合作中一种简单的表现形式罢了。可即使如此，还能具备这般威力，那么一次有计划、有组织、有秩序、有分工的合作又将会产生什么样的力量呢？

优秀的合作的力量是不可估量的，我们无法知道它会产生怎样的效果，但有一点可以确定：优秀的合作必定使我们事半功倍！

达·芬奇讲过这样一个寓言：

某高山顶尖岩石上有一小撮白雪。这撮白雪认为自己没有资格攀在这使人眩晕的顶峰上，太阳一出来就会让它融化。于是，小白雪就从岩顶自动滚落下来，一直滚到山脚，但它却越滚越大，最后竟滚成一座小雪山。

一小撮白雪之所以能成为小雪山，正是"合作"的结果。成功需要合作来支持。一小撮白雪只有不断地积累才能成为雪山，渺小的个人也只有投身到集体中，与他人合作，才有美好的前途。

合作是现代人应具备的一项基本素质与品格。如果一个人不能与人真诚地合作，他就不可能取得较大的成功。

刘邦曾经说过："夫运筹帷幄之中，决胜于千里之外，吾不如子房；镇国家，抚百姓，给饷馈，不绝粮道，吾不如萧何；连百万之众，战必胜，攻必取，吾不如韩信。三者皆人杰，吾能用之，此吾所以取天下者。"

我们的人生也是如此，尤其在学习和工作中，更要注重与他人的合作。现在的工作变得越来越复杂，单纯的、仅靠一双手就能完成的工作正在逐渐走向灭亡。

这个时代最优秀的人才，不是那些独来独往的独行侠，而是能最好地利用团体这个大氛围、充分发挥自己能力、增长自己的才干、取得相关利益的人。

在他们帮助团体取得最大化利益时，也就使自己在这个过程中充分地体现了最大的价值。

如果我们确实认为自己很有实力，即便自己只是团体中的一部分，也必然是主干部分，那为什么不做这个会推动全局胜利、"牵一发而动全身"的主干呢？

当然，这时的我们，还要注意一个很重要的问题：合作最忌讳的就是自以为是。

有些年轻人总是自我感觉良好，当不能感受到自己在集体中有特殊性时，便会觉得自己怀才不遇、大材小用，甚至有"落了毛的凤凰不如鸡"的感觉。

由于自负，他们对老师或领导的安排总是不满意；也由于冲动，他们往往把这种不满意宣泄在日常的工作、生活中，于是就造成了对别人的干扰甚至耽误集体任务的完成，并且也使自己的人生陷入一种郁郁寡欢的状态。

所以自知之明是我们每个青少年最需要的，不要盲目骄傲，就算"天生我材必有用"，也必须明确：集体的发展才是我们每个个人发展的基础，正如"有国才有家"的道理一样。

最后，我们在合作中，还要明确：要合作就必须要齐心协力，不能自顾自地蛮干。

俄国《克雷洛夫寓言》中有这样一个故事：一只龙虾、一只天鹅、一条梭鱼共同拉着一辆车，它们拉得很卖力。但龙虾使劲往土里钻，天鹅使劲往天上飞，梭鱼使劲往水里游。最后的结果很显然，车子一步也走不动。

它们失败的原因正在于它们不懂得如何正确的合作。

人物博览馆

刘邦：汉高祖，汉朝开国皇帝，中国历史上杰出的政治家、战略家、指挥家。他参与了秦末的推翻暴秦行动，公元前206年首先进入关中要地，灭掉秦朝，经历楚汉之争，统一中国，建立汉朝。他对汉民族的统一以及汉文化的保护、发扬有着决定性的贡献。

阅读小感悟

单靠个人的能力是很难有大的作为的。很多工作都需要共同合作才能完成，即使有些工作个人也可以完成，但分工合作更能显其效率。

作为一个在社会化分工越来越细的时代中成长起来的青少年，我们必须要有强烈的团队意识，而不能总是以自我为中心。

而且，我们还要明白，若要真正融入团队，运用合作取得最大的整体利益，那就必须把我们的个人利益放在一边。如果因为一点点小的个人利益而放弃团体，以为凭自己个人的实力就能干出一番事业，那就大错特错了。

每个人都按自己的意愿行动的合作无疑是失败的，只有齐心协力的合作才能成功。

所以，我们在每次合作之前，首先应有一个明确的目的，并要知道怎样才能使自己的工作起到应有的推动作用而非阻碍作用，既要各抒己见，又要有服从整体的决定和利益的让步精神。

与他人合作，便可以取他人的长来补自己的短。别人的知识、经验、思想、技术可以拿来借鉴或与之交流，在相互帮助、相互提醒中使自己少走弯路，这不比孤军奋战好多了吗？

合作是达到高效的必然条件，具有不可否认的事半功倍的作用。合作能力正是我们在新时代所要必备的。让我们在合作中发现快乐，在合作中走出辉煌顺畅的人生吧！

成长金点子

加强合作的小方法：

1.现代社会的发展，越来越需要集体的合作。因此，我们要注重培养自己良好的团队合作能力和精神。

2.我们要有主动合作的意识。要想把工作完成得出色，就要求我们主动去寻求与其他组员合作。

3.作为个人，只有完全融入这个有机的整体之中，才能最大限度地体现自己的价值。

4.从他人的立场出发去看问题，以集体、团队的利益为重，这是学会合作的关键。

5.合作可以使我们互相学习、取长补短，这样就可以使工作效率加倍地提高。

小任务

平常在班里打扫卫生时，你们都是怎么分工的？跟同学们合作是不是比自己单独做一件事要轻松得多呢？体会一下合作的重要性吧。

第41天／善待合作伙伴

在漫漫人生道路上，每个人都是很渺小的，每个人都是有局限的，只有合作，才能把每个人的特长和能量融合在一起，才能去完成比较复杂的任务和活动。

尤其是在当前这样一个专业分工精细而又需要合作共处的时代，一个人要取得成绩，一个组织要发展，一个国家要强大，社会要进步，都要学会并善于合作。

一次，爱迪生和他的助手制作了一个电灯泡，那是他们辛苦工作了一天一夜的劳动成果。

随后，爱迪生让一名年轻助手将这个灯泡拿到楼上另一个实验室。这名助手从爱迪生手里接过灯泡，小心翼翼地一步一步走上楼梯，生怕手里的这个新玩意儿滑落。

但他越是这样想，心里就越紧张，手也禁不住哆嗦起来，当走到楼梯顶端时，灯泡最终还是掉在了地上。然而，爱迪生并没有责备这名助手。

过了几天，爱迪生和助手们又制作出一个电灯泡。做完后，爱迪生连考虑都没考虑，又将灯泡交给了那名年轻的助手。这次，他安安稳稳地把灯泡拿到了楼上。

人物博览馆

爱迪生：美国发明家、企业家，被誉为"世界发明大王"。他拥有2000多项发明，目前，世界上还没有人能打破他创造的发明专利数世界纪录。他的众多发明中对世界产生了极大影响的有留声机、电影摄影机和钨丝灯泡等。

事后，有人问："原谅他就行了，何必再把灯泡给他拿呢？万一又摔在地上怎么办？"

爱迪生回答："原谅不是光靠嘴巴说说的，而是要靠做的。"

当看到辛苦工作了一天一夜的劳动成果因为助手一时疏忽而毁于一旦时，爱迪生并没有过多地指责和埋怨，而是以一颗善待他人的心原谅了自己的合作伙伴。

试问，生活中又有几个人能像爱迪生这样去真正善待自己的合作伙伴呢？

孟子曾经说过："君子莫大乎与人为善。"在追求成功的过程中，任何人都不可能是全才，都离不开与他人的合作。只有我们真诚地去善待自己的合作伙伴，对方才会与我们真诚合作、同舟共济。

那些心胸狭隘、斤斤计较的人，不仅找不到自己的合作伙伴，甚至有可能成为孤家寡人。

黎巴嫩的作家米哈依勒·努埃曼在《你是人》中说："如果没有你，便没

有我之为我；如果没有我，便没有你之为你；如果没有我们，便没有他之为他；如果没有先于我们者，便没有我们；如果没有我们，便没有广阔的世间中的任何一个人。"

明代戏曲家冯梦龙在《东周列国志》中说了这样一句话："大厦之成，非一木之材也；大海之润，非一流之归也。"大意为：一座大厦的建成，不能只靠一棵树的木材；大海的滋润，不是单凭一条水流的汇归。大厦需众材，海润要百川，事成集众谋，学成采百家。这里便是在讲述合作的重要性。

可由于年龄、个性、经历、志趣、理念等方面的差异，人们在与别人合作的过程中难免会产生诸多矛盾和冲突。而对于主观意识很强的青少年来说，我们在思考和处理这些矛盾时，又习惯于从自我出发，总认为真理在自己这边，别人都是错的，这样往往会使双方合作因一时冲突而中断，其实这种情况对大家都是不利的。

所以，每一个青少年都需要培养自己和他人协商与合作的能力，在善待自己合作伙伴的基础上，才能为将来拓展自己的人生舞台打好基础。

第一，要慎重选择合作伙伴。

在当今这样一个需要合作的社会中，找到能与自己同甘共苦、同舟共济的合作伙伴，是件高兴的事，但一旦成功，就会产生利益问题。有人说，最亲的兄弟，也要明算账，否则，就可能反目成仇。

所以，我们首先要慎重选择合作伙伴，不仅要做到志同道合，更要把责、权、利分清楚，最好形成书面文

人物博览馆

米哈依勒·努埃曼：黎巴嫩作家、文艺评论家，是黎巴嫩海外文学"三杰"之一，在艺术创作上，他的知名度仅次于纪伯伦，有时两人难分伯仲。在小说创作和文学批评方面，他是三杰中的翘楚。他的小说创作以短篇为主，有《往事悠悠》《大物》《粗腿壮》等，中长篇小说有《相会》《最后一日》等。

冯梦龙：明代文学家、戏曲家。字犹龙，号龙子犹、墨憨斋主人、顾曲散人，他的作品比较强调感情和行为，最有名的作品为《喻世明言》《警世通言》《醒世恒言》，合称"三言"。"三言"与凌濛初的《初刻拍案惊奇》《二刻拍案惊奇》合称"三言两拍"，是中国白话短篇小说的经典代表。

字，有合作双方和见证人的签字。否则，光靠友谊和感情，合作还是没有保障的。

第二，要学会赞美自己的合作伙伴。

有时候，导致我们和合作伙伴的关系出现危机的根本原因，并不是我们业务能力拔尖本身引起了对方的忌妒心理，而是我们主动传递给他的"我比你重要，你比我差"之类的信息。

因此，尽管我们的"能闯、敢闯"以及"辛苦开拓"等优点确实是难能可贵的，但同时也要意识到和谐的环境也是取得显赫业绩的重要因素，如此我们才会理解并赞美别人，让对方有一种"自己是重要人物"的感觉．这样做不仅是为了尊重合作伙伴，更是为自己以后的发展搭桥铺路。

第三，要有合作意识，就应有宽容之心。

美国石油大王洛克菲勒的助手贝特福特有一次因经营失误使公司在南美的投资损失了40%，贝特福特正准备挨骂，洛克菲勒却拍着他的肩说："全靠你处置有方，替我们保全了这么多的投资，能干得这么出色，已出乎我们意料了"。

这位失败的助手后来为公司屡创佳绩，成为公司的台柱。

人非圣贤，孰能无过。与人合作就要互相谅解，经常以"难得糊涂"自勉，有度量、能容人，才能真正和伙伴一起"合作愉快"，才能让合作伙伴始终保持平和的心理、乐观向上的心态和良好的精神状态，并与我们通力合作，共同创造奇迹。

相反，如果我们"明察秋毫"，眼里不揉半粒沙子，过分挑剔，什么鸡毛蒜皮的小事都要弄个是非曲直，容不得人，人家就会躲得远远的。

第四，学会承担责任。

有两座相隔不远的寺庙，甲庙的和尚经常吵架，人人戒备森严，生活痛苦；乙庙的和尚一团和气，个个笑容满面，生活快乐。于是，甲庙住持来到乙庙，想寻找他们相处的秘方。

甲庙主持刚到乙庙，忽见一和尚匆匆从外面回来，走进大殿时不慎摔了一跤，这时，正在拖地的和尚立刻跑过来，一边扶他一边道歉："真对不起，都

怪我把地拖得太湿，让您摔着了。"

门口的和尚见状，也跑过来说："不，不，都怪我没提醒您大殿里正在拖地，该小心点。"

摔跤的和尚没有半句怨言，自责地说："不，不，都怪我自己太不小心了。"

甲庙住持看到这一幕，恍然大悟，终于明白乙庙和尚和睦相处的奥妙所在。

可见，在与合作伙伴交往的过程中，当问题发生时，我们应该积极主动地承担责任，这样不仅可以化暴戾为祥和，也会使双方合作有更强的凝聚力，从而增加目标实施的成功率和效率。

万不可常常去做一些自以为"聪明"的小动作，把自己的过错推给别人、当自己忘了某件事情时推脱是"没收到电子邮件"……这只会引起人与人之间无谓地争吵，也使隔阂加深，因为我们是否说真话别人是心中有数的。

正如俄国伟大的生物学家巴甫洛夫所说："我们大家联结在一个共同的事业上，每个人都按自己的力量推进这个共同的事业。在我们这里，往往辨别不出哪是'我的'，哪是'你的'。但是，正因为这样做，我们的共同事业才能赢得胜利。"

所以，我们青少年要注重培养自己积极合作的良好素养，学会善待自己的合作伙伴，与他一起在前进的征途上精诚合作，借助于他人的智慧、依靠集体的力量去开创一番事业，实现自己的人生理想！

人物博览馆

洛克菲勒：美国实业家、慈善家。1870 年，他创立了标准石油公司，该公司曾经一度垄断全美 90％ 的石油市场。因此，洛克菲勒成为美国第一位十亿富豪与全球首富。

巴甫洛夫：俄国生理学家、心理学家、医师。他是高级神经活动学说的创始人，高级神经活动生理学的奠基人，条件反射理论的建构者，也是传统心理学领域之外而对心理学发展影响最大的人物之一，曾荣获诺贝尔奖。

成长金点子

善待合作伙伴的小方法：

1.努力以平和的心态不断修正自我的想法，弥补自身的不足，壮大集体的力量，从而使每个人都能从中获得进步。

2.合作并不是某一个人干完就行了，而是大家各有分工，同时要互相配合，这样才能共同完成一个任务，所以，我们首先要做好自己的事情，这是能够同别人团结合作的前提。

3.不管是什么人，都有自己的特点和优点，要学会协商与合作，就不能忌妒或者轻视自己的合作伙伴，而要善于发现他人的长处，并注意听取他人的意见。

小任务

平常在学校里，你们是不是经常开展一些分组进行的活动？你跟你的合作伙伴们相处得好吗？你认为怎样对待自己的合作伙伴是正确的？

第42天／激情扬起人生之帆

激情为何物？

激情是一种能把全身的每一个细胞都调动起来的力量，是不断鞭策和激励我们向前奋进的动力，是无论任何情况下对生活都充满希望的心理状态。

它像阴郁天空中的一道彩虹，带我们找到阳光的起点；它像茫茫沙漠中的一片绿洲，让我们看到希望的所在；它像无边大海上的一叶风帆，带我们驶向成功的彼岸！

美国人寿保险创始人弗兰克·贝特格18岁时成为一名职业棒球选手。可没多久，他就因总是无精打采被开除了。老板告诫他："无论你从事什么工作，都要充满活力和激情。"

仅三周后，他加入了康州的纽黑文球队，他暗下决心：我要成为最具活力、最有激情的球员！

从此，他不知疲倦地奔跑在球场上。他的每个投球都迅速而有力，有时竟能震落接球队友的护手套。

在一次联赛中，纽黑文队遭遇到实力强劲的对手，但高涨的激情让弗兰克忘记了恐惧和紧张，并最终赢得了决定胜负的一分。

知识万花筒

棒球：棒球运动是一种以棒打球为主要特点，集体性、对抗性很强的球类运动项目。棒球比赛的规则为：法定比赛人数最少为9人，棒球球员分为攻、守两方，利用球棒和手套，在一个扇形的棒球场里进行比赛。比赛中，两队交替进攻，当进攻球员成功跑回本垒，即可得1分。九局中得分最高的一队胜出。棒球在美国、日本非常盛行。

　　第二天的报纸上赫然登着弗兰克的消息："这个球员是个新手，他浑身上下充满活力和激情，并因此感染了其他队员，从而赢得了此次实力悬殊的比赛……他是球队的'灵魂'。"

　　为什么一个原本毫无活力、被人开除的球员，在短短的三周内却能够赢得实力悬殊的比赛，并成为球队的"灵魂"？

　　激情！只有选择了激情，才能使我们不会因为一时的失意而放弃理想和追求；只有选择了激情，才能使我们在遇到悬崖陡壁时，想到的不是绝路而是梯子；只有选择了激情，才能使我们不再在乎没有资本和阅历，而是怀着一腔热血去追求成功，用自己的努力给世界留下最深的烙印。

　　美国伟大的哲学家爱默生说："不倾注激情，休想成就丰功伟绩。"可以说，在所有创造伟大成就的过程中，激情是最具有活力的因素。

　　20世纪广为人知、影响最大的思想者之一罗素，他的一生之所以能够取得丰硕的成果，诚如他在《自传》前言中所述："有三种简单然而无比强烈的激情左右了我的一生：对爱的渴望、对知识的探索和对人类苦难的难以忍受的怜悯。这些激情像飓风，无处不在、反复无常地吹拂着我，吹过深重的苦海，濒于绝境。"

　　大提琴家帕布罗·卡萨斯在90岁时还坚持以演奏巴赫的曲子开始他的每一天。音乐从他的指尖流淌，他弯曲的脊背挺了起来，欢乐也重新爬上了他的眉梢。对他来说，激情是一剂灵丹妙药，使他的人生变成了永不停息的探索。

　　比尔·盖茨也有句名言："每天早晨醒来，一想到所从事的工作和所开发的技术将会给人类生活带来巨大影响和变化，我就会无比兴奋和激动。"

　　这句话阐释了他对工作的激情。在他看来，一个成就事业的人，最重要的素质是对工作的激情，而不是能力、责任及其他（虽然它们也不可或缺）。他的这种理念，成为微软文化的核心，并使微软不断强大，在 IT 世界里傲视群雄。

　　可见，真正的人生需要有激情来做伴。

　　对于青少年而言，纵使我们的生活波澜不惊，纵使我们的职业平凡琐碎，

纵使我们的人生默默无闻，但只要自己的心底仍然凝聚着火热的激情，就一定能重新扬起生命中自信的风帆，为理想、为信念、为成全有价值的人生而奋斗不息！

其实，人生下来就是张大眼睛、充满激情的天才——婴儿一听到钥匙叮当作响或看到甲虫胡蹿乱跳，就会兴奋不已。

正是这种"孩子气"的激情，使我们对周围的一切充满了好奇：睁大眼睛，蹑手蹑脚捕捉落在枝头的蜻蜓；躲在门后，凝神谛听天空中阵阵的雷鸣；跪在原野，细心吹起一朵蓬松的蒲公英；立在山巅，任凭自己的梦想在山川湖海间飞扬，在危崖飞瀑中奔涌……

当昔日的憧憬如同昨日黄花，往日的梦想恍若消逝的流水一去不返时，有的青少年便会变得越来越没有幻想，越来越没有激情，越来越没有冲动，他们只是一味消极地叹息道："我只是一个高中生，一没文凭，二没工作经验，谁会用我？我在大街上游荡，感觉像被社会抛弃的人……哪儿还有什么激情呢？"

其实，上帝是公平的，他在赋予生命成长权利的同时，也给了生命许许多多的挫折——小草的成长会遭到风的欺侮、雨的淋漓；枫树的成长会受到秋霜的摧残；春笋的成长会受到泥石的约束；而人的成长，也会遇到许许多多的艰难状况。

但无论生活怎样平凡与苦闷，无论人生怎样失意与压抑，充满激情的人都可以把一次沉闷的旅行变成神奇的探险，把额外的工作变成难得的机会，把生命旅途中那些必然的困难与阻力视为对自己独有的磨炼，而不会

人物博览馆

爱默生：美国思想家、文学家。他是确立美国文化精神的代表人物，被美国前总统林肯称为"美国的孔子""美国文明之父"。他的代表作品有《论文集》《代表人物》《英国人的特性》《诗集》等。

比尔·盖茨：美国微软公司的董事长。1995年到2007年的《福布斯》全球亿万富翁排行榜中，他连续13年蝉联世界首富。

怨天尤人。

面对宫刑这一飞来横祸，司马迁并没有就此沉沦。他顶着身心的屈辱，顽强地活了下去，才有了"史家之绝唱，无韵之离骚"——《史记》的诞生。

面对聋、哑、瞎这一系列上帝的恶意馈赠，海伦·凯勒并没有屈服，而是选择以意志来战胜不幸，才有了《假如给我三天光明》那饱含激情的呼唤。

面对突然的耳聋，作为酷爱音乐的人，这无异于灭顶之灾。然而贝多芬并没有被压垮，而是坚韧地抗争着。也正因如此，才有了好似熊熊烈火、迸发着炽热激情的音乐——《第九交响曲》的问世。

……

人生不会完美，也不可能完美。

当被生命中那些无法避免的缺憾、忧虑困扰时，我们不应把眼泪浪费在无可挽回的令人后悔的事情上，而应该满怀激情地把精力放在那些将来有可能成功的事情上。

正如著名的作家兼诗人塞缪尔·厄尔曼所言："岁月让人衰老，但如果失去激情，灵魂也会苍老。"无休止的自怨自艾只能让时间浪费，过多的惆怅会将人的锐气埋葬，太多的泪水会将自己的前途淹没。

试想，如果人生没有了苦难和缺憾，就好比一江毫无涟漪的春水、一盘没有放调味料的菜肴，这样的生活，你不觉得单调乏味吗？

让我们用激昂向上的心态去拥抱生命的每一天吧！当狂风在耳边呼啸时，只当微风拂面；当暴雨在眼前倾泻时，只当屋檐滴雨；当闪电在头顶肆虐时，只当萤火流逝。

只有这样，青春才会在激情的奋斗中呈现出一片艳阳天；生活才会在激情的滋润中绽放出胜利的花朵；人生的风景也才会在我们激情的回眸中变得更加亮丽！

成长金点子

保持激情的小方法：

1.信心是充满激情的保证，我们要对自己有信心，对生活有信心，对自己的未来有信心。

2.试着找一个充满激情的团队去融于其中，这样我们就会热血澎湃、充满斗志，从而远离颓废。

3.只有具备进取心的人才能保持激情。对现在的成就感到不满足，就会有动力和激情。

小任务

年轻的你，一定是充满激情的吧。对生活充满激情，对学习充满激情，对未来充满激情。保持你的激情，努力学习，好好生活，让人生更精彩！